"地球"系列

ISLANDS

岛屿

[英] 斯蒂芬·A.罗伊尔 ◎ 著

李 铭 ◎ 译

上海科学技术文献出版社
Shanghai Scientific and Technological Literature Press

图书在版编目（CIP）数据

岛屿 /（英）斯蒂芬·A. 罗伊尔著；李铭译. —上海：上海科学技术文献出版社，2024
ISBN 978-7-5439-9016-6

Ⅰ.①岛… Ⅱ.①斯…②李… Ⅲ.①岛—世界—普及读物 Ⅳ.① P931.2-49

中国国家版本馆 CIP 数据核字 (2024) 第 052380 号

Islands

Islands by Stephen A.Royle was first published by Reaktion Books in the Earth series, London, UK, 2014. Copyright © Stephen A.Royle 2014

Copyright in the Chinese language translation (Simplified character rights only) © 2024 Shanghai Scientific & Technological Literature Press

All Rights Reserved
版权所有，翻印必究
图字：09-2020-503

选题策划：张　树	责任编辑：姜　曼
助理编辑：仲书怡	封面设计：留白文化

岛　屿
DAOYU
[英]斯蒂芬·A. 罗伊尔　著　　李　铭　译
出版发行：上海科学技术文献出版社
地　　址：上海市长乐路 746 号
邮政编码：200040
经　　销：全国新华书店
印　　刷：商务印书馆上海印刷有限公司
开　　本：890mm×1240mm　1/32
印　　张：5.75
字　　数：105 000
版　　次：2024 年 5 月第 1 版　2024 年 5 月第 1 次印刷
书　　号：ISBN 978-7-5439-9016-6
定　　价：58.00 元
http://www.sstlp.com

目　录

1. 岛屿的定义与形成　　1
2. 岛屿的特点　　25
3. 岛屿的特性、神话与习俗　　53
4. 岛屿：试（实）验空间　　74
5. 岛屿文学　　101
6. 岛屿艺术　　131
7. 流行文化：岛屿和旅游　　157

纳撒尼尔·霍恩的水彩画,描绘了从马拉海德看爱尔兰海岸的美景(看到的可能是兰贝岛)

1. 岛屿的定义与形成

什么是岛屿？

英语单词"island（岛屿）"中指代岛屿特性的是它的第一个音节。这一音节的发音在大不列颠和爱尔兰附近许多小岛的名字中有所体现，如：安格尔西岛、德西岛、泽西岛、兰贝岛、拉赛岛、沙平赛岛、沃尔赛岛等。这种岛屿名字的结尾方式起源于8世纪到11世纪维京人或挪威人在这一地区的航行，那时这些人正在拓展他们的探索领域。那个时代，海洋并不是阻碍，而是一条交通要道。而岛屿是可以停靠的港口，在岛上可以获取淡水，可以休息、放松，或许还能寻求庇护。维京人给这些岛屿留下的地名标志来源于古诺尔斯语中的"ey"，意为"岛"，在现代丹麦语中"ey"变成了"ø"。岛屿名字以"-ey"（岛）结尾的，通常名字中不会再出现"island"，因为"-ey"和"island"是同义的，两者都包含的话就重复了，比如，是泽西岛（Jersey）而不是泽西岛岛（Jersey Island）。古诺尔斯语中的"ey"是通过古英语中的"ie"或"i"进入英语的,它不是单独使用的,而是与"land(陆地)"——地球上坚实的部分,结合形成了单词"iland"[虽然在都柏林附近有一个岛屿名叫"Ireland's Eye(爱尔兰之眼)"]。根据《牛津英语词典》,这一语言现象发生在888年。1624年,约翰·邓恩写道:"No man is an island.(没有人是一座孤岛。)"在"iland"中加入"s"后构成的"island"是17世纪后期才普遍使用的,尽管它的发音并没有改变。在其他欧洲语言中,单词"island"的起源也"从词源上讲是由'land(土地)'和'water(水)'的相互作用而构成的"。

这一起源在《牛津英语词典》给出的"island"的基本定义中也有所反映:"a piece of land completely surrounded by water(一块完全被水包围的陆地)。"《联合国海洋法公约》中说:"岛屿是自然形成的、被水环绕的陆地,在涨潮时高于水面。"英国作为一个以航海和贸易为生的国度,需要更多的词汇来描述不同类型的岛屿或群岛,他们的语言中有"archipelago(群岛)"、"atoll(环礁)"、"crag(岩)"、"eyot(河洲)"、"holm(湖心岛)"、"isle(岛)"、"key(岩礁)"、"reef(礁)"、"rock(礁石)"以及"skerry(岩岛)"。如果海和海中的陆地对其他语言的使用者来说没有那么重要,那这些语言中所需要的术语就会更少一些。斯洛伐克语来自东欧的内陆国家斯洛伐克,在这种语言中只有一个单词表示岛

1. 岛屿的定义与形成

屿,即"ostrov",并由此衍生出了"súostrovie(群岛)"。

对于维京人来说,仅仅是一块被水环绕的陆地不足以称为岛,除非它与大陆之间的距离足够远,远到足以让一艘有舵的船在中间航行。在1861年苏格兰的人口普查中规定必须有足够大的草场,至少能养活一只羊,才能称为岛屿。岛屿在其功能上的门槛仍然存在,《联合国海洋法公约》只允许将专属经济区授予那些能够供人类居住的岛屿。以罗科尔岛为例,它是一个位于苏格兰以西461千米的孤立地块。英国在1955年声称拥有罗科尔岛的主权,当时该国正在以外赫布里底群岛为基地开发导弹技术。英国国防部认为罗科尔岛作为一个距离导弹射程足够近的无主之岛,如果被某些外国势力得到就很麻烦。难道这些外国势力不能从船上观察英国的导弹吗?

到1974年,很多国家认为罗科尔岛具有非常大的经济潜力,想将其占为己有,因此英国不顾丹麦、冰岛和

弗朗西斯·汤恩,《伦迪岛的海岸景色》,1787年,水彩画

伊格岛

爱尔兰的反对，声称在这个周围拥有13.468万平方千米的区域。1985年，一名曾经的英国特种部队士兵在罗科尔岛上住了40天以示对英国的支持。1997年，为了抗议英国的这种行为，绿色和平组织的三名活动家在罗科尔岛上居住了42天，用行动给出了更有力的声明。随后，他们宣布罗科尔岛为一个全球性的国家，并改名为"Waveland"。同年，英国在签署《联合国海洋法公约》时承认了罗科尔岛不适合人类居住，并放弃了将罗科尔岛周围区域作为专属经济区的主张。因此，罗科尔岛只能算作礁石，而不是一座岛屿。

1. 岛屿的定义与形成

另一个与岛屿定义有关的问题涉及周期性岛屿,即通常每天随潮汐运动而出现或被淹没的陆地。英格兰东北部的林迪斯法恩是岛屿吗?"是,也不是",真是一个巧妙的回答,因为它是不是岛屿取决于它有没有涨潮。

不过,如果你来到林迪斯法恩,一定会被它迷住的,因为它与相邻的陆地有着不同的感觉和风格。部分原因是林迪斯法恩虽然保留了一些农业和渔业项目,但同时也是一个旅游胜地,零售店都是面向游客的,而大陆上却没有这种经济形式。此外,游客和岛民进出岛都受到潮汐的限制,在功能上与等待渡轮没有什么不同。

那些有桥梁、堤道或隧道连接大陆的岛屿还是岛屿吗?大海可能仍然环绕着岛屿,但从功能上讲,固定的连接通道把岛屿变成了半岛。不过,固定的连接通道未

罗科尔岛,它是不是苏格兰的一部分一直存在争议

英格兰东北海岸通往林迪斯法恩的堤道。请注意远处的避难平台,以备搁浅时使用

必就能消除岛屿的特性,以加拿大东部滨海诸省为例就能证明这一点。1955年,随着坎索堤道的开通,布雷顿角岛与新斯科舍省的其他地区合并了,但岛上的居民仍然认同它的岛屿身份。说到这里,还有个小故事,说有一位老太太感谢上天,因为"加拿大终于成为布雷顿角岛的一部分了"。另一个例子就是爱德华王子岛了。1873年,在得到联邦当局保证将提供横跨该岛与大陆之间的诺森伯兰海峡的全年客运和邮递服务后,该岛才加入加拿大联邦。要兑现这一承诺并不是件容易的事,要知道,每年的一月份到四月份,诺森伯兰海峡至少有一部分会结冰。岛上最初的居民米克马克人偶尔会在冬季乘独木

舟横渡海峡，必要时也会拖着独木舟在冰面上行驶。在1775年和1777年，当时的爱德华王子岛还是一个单独的英国殖民地，岛上的总督说服岛民以同样的方式向大陆运送邮件，这样当局就能如实地告诉那些潜在的定居者：该岛在冬季并未与外界隔绝。到了19世纪中叶，越来越多的大型冰船开始了这样的航程，它们在开阔的水域航行，在坚固的冰面上用滑行装置拖动着船向前行进。这样的航程非常危险。1855年，因冰面状况不佳和暴风雪，一艘航行了9个小时的冰船在距离岛屿4千米的地方停航。4名船员、3名乘客和一只狗在一块坚实的浮冰上避难，并随着浮冰往东边漂去。第二天早上，他们决定返回大陆，却不得不在冰面上度过第二个夜晚。第三天，一名年轻的乘客去世，那只狗也死了，死去的狗成为其他人的食物。最终他们在起点以东40千米的新斯科舍省登陆。幸存者全都冻伤了，那只狗的主人不仅失去了他的狗，也失去了他的脚趾。

这类灾难发生之后，冰船被禁止单独行驶。到1885年，冰船出行必须有3艘及以上的船组成船队，而且必须携带罗盘、斧头、食物和生火的材料。这样的规定让航程变得非常昂贵。在那时，当一个家庭每周所需的食物加上租金大概花费8美元时，要向一个愿意帮忙拖船的男性乘客支付2美元的过路费，而如果他不愿意拖船，则要支付5美元——尽管在极端情况下可以命令他帮忙拖船。女性乘客则要支付4美元。之后冰船被更大

岛 屿

从新不伦瑞克省看向加拿大爱德华王子岛的联邦大桥

的木船取代，后来又被具备破冰能力的金属船取代，这种船可以强行通过冰层。但人们认为如果能有一条固定的连接通道就更好了。1885 年，有人提议在海床上放置一个中空的管道；1891 年，有人提议修建一条真正的隧道。20 世纪 20 年代和 50 年代，人们提出修建堤道，其中一条堤道于 1963 年动工，但后来又被取消修建。在取消之前，已经为其修好了几条引路。20 世纪 80 年代，人们又提出了修建桥梁或隧道——当时人们已经意识到修筑堤道会对海峡的冰面状况产生不利影响。在 1988 年举行的一次公民投票中，有 59.5% 的人赞成修建一条固定通道。

1993 年，12.9 千米长的联邦大桥开始动工，这座耗资 8.4 亿加元的桥梁于 1997 年如期竣工，将该岛与新不伦瑞克省连接了起来。在该岛的东端，仍然有季节性的渡轮（5 月到 12 月）通往新斯科舍省。鉴于爱德华王子岛与大陆之间已经有固定的连接通道了，那么它是否还能被视为岛屿呢？其 13.8 万名居民还能被视为岛民吗？"差异"一直被视为岛屿特性和吸引力的重要因素，有人认为，有固定连接通道的岛屿已经失去了这一因素。然而，爱德华王子岛的居民，与布雷顿角岛的居民一样，仍然保留着独特的"岛民"身份，而且"Islanders"还总是得用大写字母开头。因此，有固定连接通道的岛屿通常还保留其岛屿的特性。原因甚至还与曼哈顿有点关系，因为曼哈顿也有无数的桥梁和隧道与其相连。所以一家纽约旅游公司的网站就以"曼哈顿是一座岛屿"开头。

布雷顿角岛和爱德华王子岛的例子显示出岛屿在身份认同方面的力量。在加勒比地区，特克斯和凯科斯群岛的传统居民实际上被称为"归属者"。这种归属于一个岛屿，甚至置身于一个岛屿的感觉，在某种程度上取决于岛屿的规模。有位作家是这样论述这个问题的：

"我们在探讨岛屿的概念时，应该有意把范围限制在有人居住的小岛屿上：这些小一点的土地，大得足以养活常住居民，又小得足以使其居民永远都能感觉到自己是在岛上。"

这段话的逻辑是,没有这种"永久意识"的岛屿不应该将其视为功能意义上的岛屿。

因此,日本本州岛和英国将因其庞大的面积而更趋向大陆式运作。坐在 300 千米时速的新干线上穿越本州岛约 22.80 万平方千米的土地,或乘坐国内航班飞越英国国土时,人们是很难产生岛国意识的。不过,在某些情况下,即使是一个大岛屿,其岛国性质也可能会很重要,比如"二战"期间的英国:1940 年证明了将英格兰南部与法国北部隔开的英吉利海峡是一条非常有效的保护屏障,因为德国人始终无法对其建立控制。尽管希特勒已经为入侵该岛做好了准备,即策划了"海狮行动",但他取消了这一计划,转而作出了从陆路入侵苏联这一决定。

岛屿的形成

就形成过程而言,岛屿可以分为许多不同的类型。最基本的岛屿类型是从泛大陆分裂出来的,现在的大陆也是在大约 2 亿年前开始从泛大陆中分裂出来的。这些大陆仅在规模上与新西兰、马达加斯加、塞舌尔和斯里兰卡不同,它们也是泛大陆或其南部冈瓦纳大陆的一部分,而泛大陆和冈瓦纳地区又发生了进一步的分裂。最近的研究表明,印度洋可能包含其他的大陆碎片。构造运动有时会使地球表面皱缩,并能将地幔中的岩石带到陆地上。当非洲板块和欧亚板块相互作用时，塞浦路斯从前特提斯洋底部被推升，位于塞浦路斯的特罗多斯山的山顶上有一种岩石叫作"蛇绿岩"，这种岩石形成于地球的上地幔，但现在暴露在海平面以上近2000米的地方。太平洋上的新喀里多尼亚也是以类似的方式，通过澳大利亚板块和太平洋板块的相互作用形成的，并从地幔中带出了一种叫作"橄榄石"的岩石，它与蛇绿岩属于同一科。

让泛大陆和冈瓦纳分裂的力量继续作用，大陆构造板块和海洋构造板块仍在运动中。这对岛屿的形

塞浦路斯的特罗多斯山

路易吉·梅耶，《从巴西卢佐岛看斯特龙博利岛》，1788 年，水彩画

路易吉·梅耶，《从利帕里岛看武尔卡诺岛》，1788 年，水彩画

1. 岛屿的定义与形成

1984年，阿留申群岛最小的海雀栖息地

成有很大的影响，因为大多数火山岛是这样形成的。"volcano（火山）"这个词源于意大利武尔卡诺岛的名字"Vulcano"，因为罗马人认为这个岛上凸出的锥形火山是火与工匠之神伏尔甘熔炉上的烟囱。当海洋板块和大陆板块相交时会形成聚合板块的边界，因为海洋板块较重，所以被大陆板块压在下面，这个过程叫作"俯冲"。当两个海洋板块会聚时，其中一个也会产生"俯冲"现象。这个过程很剧烈，会引起地震，也会引起山脉的形成（地球上海拔最高的山脉喜马拉雅山，就是印度大陆板块和欧亚大陆板块碰撞的结果）。地震是当不可抗拒的力量突然克服阻塞时压力释放的表现。火山也是"俯冲"

现象的产物，火山形成的过程伴随着压力和热量的积聚。物质熔化，形成岩浆，岩浆又以火山喷发的形式释放出来。火山可以是山脉中的一座，比如北美洲西部的喀斯喀特山脉中的圣海伦斯火山曾在1980年大爆发；也可以形成火山弧，如阿留申群岛和千岛群岛等。事实上，太平洋的北部、东部和西部边缘都被"火环"包围，这就是环太平洋地震带，标志着纳斯卡板块、科科斯板块、太平洋板块、胡安德富卡板块和其他正在俯冲的较小板块的会合边界。

其他的构造板块边界是分离型或建设型的边界，在那里板块互相分离，形成了裂缝。这是在地幔内上涌热对流的压力下发生的，这种对流会产生热量，熔融岩浆有时会喷涌到地球表面。陆地上也存在分离型边界，比如非洲大裂谷，而这种边界在海洋中则表现为中洋脊，有些地方的中洋脊会打破地表形成岛屿。大西洋中脊就是一个很好的例子。在北部，它标志着欧亚板块和北美板块的分离，在南部，则标志着非洲板块和南美板块的分离。大西洋中脊的火山岛，从北到南依次是扬马延岛、冰岛、亚速尔群岛、圣佩德罗和圣保罗群岩、阿森松岛、圣赫勒拿岛（虽然现在被拖到了大西洋中脊东部）、特里斯坦-达库尼亚群岛、戈夫岛和布韦岛。其中最大的岛屿是冰岛，虽然名字是叫"冰岛"，但它是一个"火之国"，有着丰富的温泉、间歇泉和大量的地热能。冰岛有很多活火山，其中最具威胁性的当属强大的海克拉火山了。

1. 岛屿的定义与形成

即使是 2010 年艾雅法拉火山规模相对较小的一次喷发,也让北美洲内及北美与欧洲之间的旅行因受火山灰云的干扰而飞机停飞。在冰岛,人们实际上可以在地面上看到大西洋中脊,就在平位利尔的裂谷处。该裂谷的西部边缘在地质学上是美洲的一部分,而其东部边缘则是欧洲的一部分。

太阳在阿森松岛的玄武岩熔岩流后面落下

其他类型的火山岛是由热点处的火山活动形成的。根据约翰·图佐·威尔逊的静止热点理论,热活动的地幔柱强行穿过岩石圈使熔融的岩浆到达地表,这些岩浆如果随着时间的推移被挤压到海洋中,就会形成海洋岛屿。然后,构造板块必然会运动,致使岛屿从热点处移开,这个岛屿活跃的火山活动就结束了,一个新的岛屿开始在它之前的位置形成。以这种方式形成的岛屿有很多,其中就包括法属波利尼西亚的一些岛屿,但最著名

冰岛的平位利尔裂谷

的是夏威夷岛。令人困惑的是，这是一个岛屿的名字，同时也是美国一个州的名字。而夏威夷州是由许多岛屿组成的。夏威夷岛又称"大岛"，岛上火山活动频繁，冒纳罗亚火山、华拉莱火山和基拉韦厄火山都曾在过去的200年内喷发过。夏威夷岛东南部的基拉韦厄火山1983年以来在持续喷发，熔岩流经封闭的管道，将熔融物质推入大海，一缕滚烫的海水成为这里的标志景象。有时熔融物质会流过陆地，道路被凝固的熔岩流覆盖的场景证明这座火山在当代仍在活动中。

环礁是地势较低，不连续的珊瑚沉积物，通常环绕着其中心的潟湖。查尔斯·达尔文在他1842年出版的关于珊瑚礁的书中研究了环礁的形成。最初，潟湖所在的地方是一个火山峰，珊瑚在它周围形成了裙礁。随着地质时间的推移，未固结的火山物质沉降并被侵蚀。实际上，火山下沉到潟湖之下，但珊瑚虫却能保持自己的步伐，因此礁石上活跃的、有生命的部分通过在下面礁石上的堆积而维持在适当的深度。随着山峰的下沉，原来的裙礁变成了堡礁，在海平面上不再与山峰相接。当山峰最终消失在海平面以下时，就留下一个真正的环礁。在一些地区，因为太冷而无法形成珊瑚，那么下沉的火山峰只能变成没有环礁的海山。在法属波利尼西亚，可以看到环礁形成的各个阶段，从西北部的茉莉雅岛开始，在这里的高火山岛周围可以看到堡礁；到精致的波拉波拉岛，它在潟湖内，只有山的尖端露出水面，是一个正

一股熔岩流阻塞了夏威夷岛（大岛）的一条道路

在形成的环礁；再到图帕伊岛和马努阿岛，这是真正的环礁。

与大陆主体有关的是沉积形成的岛屿。主要的河流系统会把大量的沉积物带到它们的河口。当河流流入海洋，水流减缓时，这些沉积物就无法再被水流带走，于是就以沉积物的形式留下。随着时间的推移，如果沉积了足够的泥沙，这些沉积物可以冲破水面形成岛屿。孟加拉国恒河河口的孟加拉湾，就是一个很好的例子，许多被称为"查尔"的低洼岛屿就是这样形成的。因为"查尔"的土地肥沃，因此在人口密度较高的国家被广泛利用，但能够利用的时间较短。因为洪水和暴风雨会改变沉积物的形态，所以沉积物既容易沉积也容易被腐蚀，沉积物的形态一旦发生改变，有时会给当地居民带来严重问题，甚至包括失去生计和丧失生命。

沙岛和沙丘一样，也很容易移动，这就给航运带来

露丝·肯尼迪，《法属波利尼西亚的波拉波拉岛》，2007年，帆布丙烯画

了挑战。萨布尔岛是一座由冰川沉积物形成的、无人居住的沙岛，距离新斯科舍省175千米，几个世纪以来在这里已经积聚了大约350艘沉船。弗里西亚群岛位于丹麦、德国和荷兰的瓦登海中，它就是由冰川砂和沉积物进入该地区而形成的。这片海非常浅，因为海水中有大量的沙子和淤泥，开往弗里西亚群岛的渡轮必须沿着蜿蜒的、持续监测着的航道行驶，这些航道在深度足够的地方会用浮标清楚地标示出来。在这些航道边的沙洲上休息的海豹能经常看到渡船。随着沿岸漂移将沉积物向东移动，这里岛屿的形状、面积会发生变化，有时数量也会发生改变。偶尔的大风暴还会引起突然的变化。尤斯特岛、博尔库姆岛和梅默特岛就是在12世纪由一个大岛形成的。1362年，一场风暴和随后的洪水将一个岛屿一分为二，从其东部形成了一个岛，即今天的诺德奈岛，而西部则从此消失了。为了弗里斯兰人的利益，至少要在建筑密集的地方防止岛屿进一步发生变化。诺德奈岛是一个旅游岛屿，事实证明，在其脆弱的西部边缘——也就是诺德奈镇的所在地，大力投资海防是非常值得的。为了减轻海浪和风暴潮的影响，堤坝和墙已经修建了起来，还将沙子也泵入海中。相比之下，这个长达14千米的线性岛屿的东端就留给大自然了，这是德国境内罕见的荒野地带，以被指定为瓦登海国家公园并被列入联合国教科文组织世界遗产而闻名。

许多岛屿只是大陆与海洋交汇处的凹凸不平的边缘，

德国海岸的瓦登海防,位于弗里斯兰群岛的诺德奈岛西部边缘

也许是侵蚀作用造成的。因此,海平面在任何一个方向上的变化都会引起岛屿的出现和消失。如果海平面相对上升,陆地就会被淹没,原本是山丘的地方可能会被水包围,而地势低洼的岛屿可能会被淹没。如果海平面相对下降,原本的岛屿可能会与大陆相连,从而失去其孤立性,曾经在水下的浅水区域可能会露出水面。

岛屿的位置和数量

岛屿的不同类别取决于地质和(或)地貌过程,但如果已经接受了"岛屿是一块被水包围的陆地"这一基本概念,那么接下来更直接的问题就是"到底有多少个岛屿"。因为按照公约,澳大利亚是最小的大陆,格陵兰岛则是最大的岛屿。问题出现在底层。岛屿在什么时候只是一块单纯的石头呢？19世纪苏格兰人根据羊群放牧情况下的定义很难普遍适用，而"岛屿"必须能够维持人口或必须有人居住的说法也不适用，因为南大西洋的戈夫岛上无人居住，但它的海拔约900米，面积91平方千米，不可能不把它视为一个岛屿。最简单的办法可能是接受一个包括最小面积的直接定义。一位名叫克里斯蒂安·德普雷塔雷的学者选择了0.1平方千米的阈值，并计算出地球上有86 732个岛屿达到或超过这个面积，他称为"世界群岛"：58 913个岛屿被划分为"陆周岛屿"，其余的27 819个岛屿是"开放海洋岛屿"。德普雷塔雷没有将格陵兰岛纳入他的计算范围，他所设的面积上限是100万平方千米，大于第二大岛屿新几内亚的面积，但比格陵兰岛小。如果降低岛屿的最小面积门槛，岛屿的数量将急剧增加。德普雷塔雷通过数学计算得出大约有37万个面积在1万至10万平方米的小岛，以及近70亿个小于1万平方米的"纳米小岛"，尽管他的计算公式在这个规模下是否有效还存在一些疑问。至于岛屿的位置，虽然岛屿遍布世界各地的海洋和海域（湖泊和河流中的岛屿不包括在内），而且通常与热带地区联系在一起，但实际上最高的岛屿密度出现在北纬50°至80°之间，那里海洋最少。

岛 屿

约翰·瓦特·比蒂,
所罗门群岛拉拉塔的
人工岛照片,1906年

2. 岛屿的特点

近海岛屿不可避免地具有一些地理特征，这些特征加在一起，可以说是"岛屿性"的标志。这些特征包括四面环水，有界性、谨慎性（岛屿可以在外界视线之外），相对无权力以及通常规模较小：岛屿陆地是一种极其稀缺、有限和不可再生的资源。还有一点就是岛屿相对来说比较偏远，因为即使靠近大陆，即使有桥梁，它们仍然远离大陆的边缘。

规模

一些岛屿的面积足够大，资源丰富，气候适宜，足以容纳相当数量的人口。这些岛屿有印度尼西亚的爪哇岛、加里曼丹（婆罗洲的一部分，为印度尼西亚与马来西亚和文莱共有）、新几内亚（印度尼西亚与巴布亚新几内亚共有）、苏拉威西岛和苏门答腊岛；日本的北海道、本州、九州和四国；菲律宾的吕宋岛、棉兰老岛、内格罗斯岛和巴拉望岛；以及英国的不列颠岛。人口众多的岛国有古巴、斯里兰卡、马达加斯加。一些大陆国家拥有人口众多的近海岛屿,包括中国的海南岛、法国的科西嘉岛、意大利的撒丁岛和西西里岛、美国的长岛和曼哈顿。相比之下,其他面积较大的岛屿,特别是加拿大北极地区的岛屿,气候条件不允许其发展成大型定居点:巴芬岛、埃尔斯米尔岛和维多利亚岛分别是世界上第六、第八和第十大岛屿,但是它们的人口很少,还有排在第27位的德文岛是世界上最大的无人居住岛屿。

在较小的岛屿上,可利用土地的匮乏会带来各种直接的不利影响。在一个没有额外土地可供耕种的地方,土地经过几代人的分割,人们通常只能在小块土地上发展农业。马耳他的戈佐岛就是这种情况。另一个问题是,在可用土地稀少的情况下如何处理废弃物。根

马耳他戈佐岛小块农田上发展的农业

2. 岛屿的特点

马尔维纳斯群岛议会开会的地方

西岛是世界上最富裕的地方之一，但由于需要耗费土地，建造现代化污水处理系统的计划被驳回，经过部分处理的废物直接排入大海。与此同时，固体废弃物的处理也存在问题，因为没有足够的垃圾填埋场，有人建议将废物送出岛进行处理。在巴哈马首都拿骚所在的新普罗维登斯岛，公众一直反对建造第二套住房，因为这些住房往往是封闭式的开发项目，不仅会导致有限的开放空间被占用，还会影响到海滩的通行。在科西嘉岛，有吸引力的沿海地区旅游业和农业之间的竞争一直存在问题。

另一个与岛屿规模有关的问题是公共服务的提供，因为按人均计算的话，提供医疗、司法和教育的成本相对较昂贵，政府本身耗费的成本也很昂贵。由于需求有

波多黎各山羊岛上的圣胡安·德拉·克鲁斯堡，约1930年

限，在岛上提供服务的设备和工作人员，从医院的X光机到监狱的看守，都可能无法满负荷工作。引进服务的费用也比较昂贵，因为除要向来访专家支付薪酬外，还需要为他们支付旅费和住宿费。派遣岛民去外地享受服务的费用也很高。例如，马尔维纳斯群岛的高年级学生被政府送到1.3万千米以外的英国上学，其中一部分是去上大学的，他们光是假期回家的路费就要很多钱。

无权力

所有岛屿都曾被大陆国家或遥远的殖民国家从外部

控制过，甚至日本也是如此。之所以会出让岛屿的控制权，是因为岛屿的防御方通常会在与入侵方的战争中失利。1565年奥斯曼帝国对马耳他发动大围攻时，马耳他没有输，1942年德国对马耳他封锁时，马耳他也没有输，但这只是例外。即使是马耳他，也经常被外人占领，比如1798年就被拿破仑占领。一些岛屿曾多次易主：1667至1814年间，圣卢西亚曾七次被法国统治，七次被英国统治。塞浦路斯有着曲折的殖民历史，曾受到赫梯人、亚述人、埃及人、波斯人、罗马人、拜占庭人、阿拉伯人、法兰克人、威尼斯人、奥斯曼人和英国人的统治，同时在人口和文化方面又受到希腊人的统治。1960年，在与英国进行了激烈的斗争之后，塞浦路斯最终实现了独立。一部精心制定的宪法保障了人数众多的土耳其裔人的权利和权力。然而，希腊裔塞浦路斯人和土裔塞浦路斯人之间的争执在独立后达到了顶峰。1974年，土耳其表面上为了保护其民族兄弟，在停火之前入侵并占领了塞浦路斯北部三分之一的领土。尽管只有土耳其承认北塞浦路斯政府的合法性，但事实上仍处于分裂状态。

　　岛屿的兼并、买卖，甚至交换，通常根本不考虑也不参考其原住民的意见。巨文岛是朝鲜半岛南部海域的一个小群岛，英国在1860年和1875年曾考虑过吞并该群岛，并作为海军基地使用。英国之所以没有采取行动，只是因为他们害怕给其他国家提供吞并领土的先例，但

塞浦路斯尼科西亚的边境地区

吞并不过是暂时的推迟罢了。

1884年,有人说巨文岛岛民:

"似乎有很多理由担心,在不久的将来,这些内心满足、安宁的人将与那些弱者有着共同的命运。"

1885年,英国确实占领了巨文岛,即便它只是为了阻止俄国的抢占。皇家海军的三艘军舰——"阿伽门农"号、"火把"号和"珀伽索斯"号开进巨文岛掌握控制权。朝鲜和该地区的其他国家提出了抗议,但该岛上的居民却没有抗议,而且随着基地的发展,他们很快就为英国工作了。有些人还把土地租给占领者从中获益。英国让部队远离当地人,从而避免了很多麻烦,他

2. 岛屿的特点

们把军营设在原本无人居住的岛屿上,这让英军能够更加容易地控制巨文岛。然而,如果巨文岛的发展达到了预设的程度时,岛上的居民就会被驱逐,就像20世纪迪戈加西亚岛被军事占领时,生活在迪戈加西亚岛上的人会被驱逐一样。事实上,由于向朝鲜租借或购买这些岛屿的计划失败,22个月后,英国人考虑到地区反对派造成的地缘政治困难,以及确保巨文岛安全的潜在成本过高,英军拖着旗子离开了。留下的几块碑不断地提醒着人们,巨文岛曾作为一个无力的殖民地短暂存在过。

被出售的岛屿包括1916年美国以2 500万美元购买的丹属西印度群岛,该群岛现在仍在美国的控制之下,称为美属维尔京群岛。被交换的岛屿包括1890年《英德条约》中的岛屿,根据该条约,英国将北海的黑尔戈兰岛(自1814年以来就不太可能成为英国殖民地)给德国,以换取德国对德属东非海岸外桑给巴尔岛的不干涉。

1885年,英国占领下的朝鲜汉密尔顿港(现韩国巨文岛)

现在黑尔戈兰岛仍然是德国的；桑给巴尔岛在与坦噶尼喀岛联合组成坦桑尼亚之前曾属于英国。

在现代也有这样的例子，可以证明岛国的无权力性。2010 年 3 月，德国总理安格拉·默克尔建议希腊政府出售部分岛屿以筹集资金，帮助应对该国的债务危机，她完全没有提到这些岛屿的所有者或居民也应该具有发言权。毫不意外的是，除直布罗陀和法属圭亚那外，所有仍处于正式殖民关系中的领土都是岛屿。其中一些岛屿的居民现在意识到了可以从这种安排中获得好处，因此并不想寻求改变地位了。

威廉·盖尔，《从海上看黑尔戈兰岛》，19 世纪初，水彩素描

环境的脆弱性

许多岛屿很容易受到破坏，尤其是气候变化的影响

以及气候变化引发的其他种种后果。环礁的高度较低,特别容易受到海平面上升和风暴加剧的威胁。2011年,一部关于太平洋环礁国家基里巴斯共和国的纪录片用标题《饥饿的潮水》,生动地说明了这个问题。在马绍尔群岛的马朱罗,近年来海平面平均以每年5毫米的速度上涨。此外,尽管暴风雨有时会将珊瑚礁沉积物推到岸边,从而增加了陆地面积,但疏浚和沙滩采砂破坏了海岸线上的积聚过程,使环礁更容易受到风暴潮和沿海淹没的影响。岛屿国家已经制定了应对这种威胁的国家政策:例如,基里巴斯共和国制定了一项关于气候变化的长期战略以及应对当前问题的策略。然而,最近的一项调查指出,一般来说,这一威胁的应对措施"在很大程度上是无知的",许多措施是"不成功的",以及"历史上和现代意义上的太平洋将在未来几十年内消失"。

气候变化只是岛屿的弱点之一。岛屿的生态系统在相对孤立的环境中进化,还可能受到外来物种的威胁。以南大西洋的阿森松岛为例,由于人类直接或无意的干预,导致该岛脆弱的生态系统平衡被打乱。阿森松岛是大西洋中脊形成的一个面积为97平方千米的火山产物,其形成可以追溯到大约700万年前。它的玄武岩地质主要由44个火山锥组成,其中最大和最古老的是绿山,海拔为859米,受地形降雨的影响,每年有超过500毫米的降水落在山坡上。阿森松岛与世隔绝,最近的陆地是圣赫勒拿,距离该岛有1 130千米。此外,阿森松岛还很年轻,1501 年被葡萄牙人发现时,该岛还处于生态发展的早期阶段。

由于葡萄牙人引进山羊作为食物供应,又有黑鼠从他们的船只上逃到岛上,因此该岛的生态受到了影响。在葡萄牙人发现阿森松岛之前,岛上是没有哺乳动物捕食者的,数以万计的鸟类在岛上定居,这些鸟在较低的山坡和悬崖上筑巢,沉积了大量的鸟粪(20 世纪时人类对鸟粪进行了商业开发)。山羊通过干扰和破坏筑巢地点对鸟类产生了不利影响,而老鼠则以鸟蛋和雏鸟为食。1815 年,英国吞并了无人居住的阿森松岛,并采取了一项考虑不周的保护措施,那就是放猫去捕食老鼠。然而,对于猫来说,捕捉鸟比抓老鼠要容易得多,于是,这些鸟退到了悬崖峭壁、难以接近的岩架和一个离岸小岛(水手长鸟岛)上。那时这个岛上还没有猫。只有阿森松

1997 年,白令海上的霍尔岛

岛的"觉醒者"(乌燕鸥)继续利用地势较低的地面进行自我保护。大量的鸟类(大概有 15 万对)来到这个岛上在嘈杂的"觉醒者集市"上繁殖,在每个周期中,大概有 2 万只雏鸟会被猫、老鼠和阿岛军舰鸟吃掉。幸存的乌燕鸥随后会在高空中生活 10 个月,许多猫因捕食不到食物而饿死了,从而限制了存活下来捕食下一批雏鸟的捕食者的数量。2002 年到 2006 年,阿森松岛成功地开展了一项根除野猫的计划,类似早先在马里恩岛和麦格理岛开展的根除运动,所以鸟类已经开始回到主岛了,也开始回到一些较低的山坡。2012 年岛上传来了喜讯,军舰鸟 180 多年来首次在岛上筑巢。阿森松岛的老鼠也需要被消灭,就像加拉帕戈斯群岛的当局在消灭了猪和山羊之后,正设法消灭老鼠一样。

绿海龟是阿森松岛的访客,它们在海滩上产卵。从 16 世纪岛屿被发现,水手们就会把海龟的背壳翻过去,让它们四脚朝天,这样海龟就无法逃脱了。在岛上,它们要么被吃掉,要么被养在海龟池里然后被出口到欧洲——尽管很少有海龟能在旅途中幸存下来。19 世纪,海龟的捕杀量达到顶峰,当时每个季节可能会有 1 500 只以上的海龟被捕杀。到了 20 世纪,人们的态度发生了变化,捕杀的海龟数量减少了,不过 1957 年爱丁堡公爵参观阿森松岛时,人们为此还宰杀了一只海龟。现在,海龟已经得到了有效的保护(至少当它们在这个岛上或附近的时候),游客们可以看到它们在沙滩上

一只绿海龟在阿森松岛长滩上产卵

产卵。

尽管已经采取了积极的保护措施,但阿森松岛永远也无法恢复到被发现之前的状态了:海龟数量减少,一些特有物种已经灭绝,数百种外来物种与本地物种竞争。最近的一次物种引进造成了特殊的问题。墨西哥刺是一种多刺灌木,可以长到大约5米高,20世纪60年代中期,人们为了加固新定居点的土壤而将其引入。到80年代中期,墨西哥刺已经成为一个相当大的问题。它的果实被野驴吃掉。野驴的祖先被引进作为驮畜,野驴四处游荡,将墨西哥刺传播到了新的地区,因为种子沉积在粪便中,所以种子可以利用这一肥沃的介质而在其中发芽生长。墨西哥刺在阿森松岛上几乎没有竞争对手,而且它能很好地适应干旱的条件和有限的土壤。这种植物是在恶劣环境下也能积

阿森松岛上的墨西哥刺

极进取的开拓者，如果不加以控制，这个外来物种最终可能会占据阿森松岛高达 90% 的陆地表面，排挤本土物种，并对海龟和鸟类筑巢区产生不利影响。拉丁美洲已经把墨西哥刺用作食物、牧草和蜂蜜生产，但这些用途不能直接照搬给阿森松岛，因为阿森松岛目前还没有发展农业。尽管一些居民很欣赏这种植物给原本贫瘠的山坡带来绿意，但事实上，这种植物只会带来问题。墨西哥刺是很难根除的，人们也曾尝试过生物防治，但通常都要辛苦地锯掉茎秆，然后在刀口上涂上除草剂。海鸟恢复项目小组认为需要实施一项墨西哥刺根除计划，但英国皇家鸟类保护协会的一份报告发现，根除并不可行，他们建议在自然保护区和海鸟、海龟筑巢区对这种植物进行控制。

经济问题

　　岛屿面积有限可能会限制资源的供应。对于依赖自身资源的岛屿来说,基本上有两种对策(对于旅游或军事岛屿来说,经济机会显然会有所不同)。岛民可能会实行专门化对策,充分利用优势;或者,他们可能会进行泛化处理,寻找任何生产食物或赚钱的机会。

　　19 世纪时,爱尔兰西海岸的阿伦群岛上实行的就是泛化的岛屿经济对策。其中的三个岛屿伊尼什莫尔岛、伊尼什曼岛和伊尼什雷岛都是由石灰石构成的岛屿,大部分石灰石在陆地表面呈现出来的是裸露的表面。过去由于资源短缺,岛民们付出了巨大的努力来形成土壤,这一过程被称为"造陆"。先用石头把裸露的石灰石上的裂缝填满,然后倒入沙子填补缝隙,再铺上海藻层,最后用从大陆进口的土壤覆盖。岛民们用松散的岩石建造了具有特色的阿伦石墙,这样不仅可以把岩石从土壤中移走,还能保护无树岛屿上的人工土壤不受风蚀。岛上主要的农作物是土豆、黑麦和燕麦。岛上的居民放牧,烧牛粪,并把牛粪在墙上晒干。他们把 1821 年的人口普查手稿保存下来了,因此人们得以对当时阿伦人的生活进行详细探查。大多数家庭是农民和渔民,只有少数的专业人员为直接从事生产的人提供技术支持,如船匠和网匠。伊尼什曼岛和伊尼什雷岛除农业、渔业经济外,

2. 岛屿的特点

还有教育，不过只有一名教师，但规模更大的伊尼什莫尔岛能提供更多的服务，有专业人员、政府雇员和工匠。这不仅仅是简单的自给农业，岛民必须额外赚取现金来支付租金，因为阿伦群岛为一个外居的地主所拥有，他的代理人是岛上最有权力的居民。在这个时期，他们的主要贸易物品包括鲜鱼和腌鱼、羽毛和一种上等的一岁小牛（康诺特牧民非常需要这种小牛），以前可能还包括大量的威士忌和多种走私货物。

"以前"指的是非法制造"poitín（用土豆制成的威士忌）"的时期，"走私"也并非现代意义的走私，现在这些活动仍在继续。此外，收集被冲到海滩上的"漂浮物"，捕杀海鸟以获取鸟蛋和羽毛，这些都是岛上居民赚钱的重要方式。另一种方式是烧制海草灰，也就是焚烧海草，然后从灰烬中提取化学物质，主要是提取碘。这项工作对身体健康有害，岛上的一名护士认为：

> "许多胸腔和肾脏方面的疾病是这项工作带来的。这项工作需要长时间在高温下作业，在生火时人们流出大量的汗液，工作后回到家中，寒冷的环境让他们很容易受寒。"

而海草灰的产量取决于天气：雨水可能会导致海草在晾干和焚烧之前就腐烂。另一个问题是，市场需求不稳定。有一年，一位来访者指出，由于市场的不确定性，导致

爱尔兰戈尔韦湾,阿伦群岛伊尼什曼岛上有围墙的田地

产量很少,因为岛民不愿意在没有确定利润的情况下从事生产工作。简而言之,阿伦群岛的居民从事各种各样的生产活动来维持收支平衡。剧作家约翰·米林顿·辛格曾在20世纪初访问过这些岛屿,他对由此产生的社会效益给予了肯定:

"这些人的聪明才智和魅力很大程度上来自劳动分工的缺失,来自每个人的广泛发展,他们丰富的知识和技能需要大量的脑力活动。每个人都会说两种语言(爱尔兰语和英语)。他是一个熟练的渔民,

2. 岛屿的特点

能以非凡的勇气灵活地驾驭一艘船。他会耕种，烧海草，裁剪牛皮凉鞋，他会修补渔网，盖房子，给房子铺上茅草，还会做摇篮或做棺材。他的工作随着季节的变化而变化，这样他就不会像从事一种职业的人那样感到无聊。"

另一种经济策略是专门化。一些岛屿拥有或曾经拥有一种可以作为经济基础的本地产品，从而扩大其生产规模以实现规模经济。动植物在全球范围内分布和开发之前，这种产品可能只是本地的动植物。因此，17 世纪，班达群岛（印度尼西亚的马鲁古群岛的一部分）垄断了肉豆蔻仁和肉豆蔻皮的世界贸易，这些产品在当时极具价值。因此，英国人和荷兰人都想要争夺这一群岛，尤其是面积约为 3 平方千米的润岛。润岛于 1616 年被英国占领，1620 年英国人在战争中向荷兰投降，因此该岛被移交给荷兰。1654 年《威斯敏斯特条约》签订后该岛归还给英国。但根据 1667 年的《布雷达和约》，在一系列土地交换中又把它给了荷兰人，而曼哈顿则被交换到了英国人手中。可见，因盛产肉豆蔻仁和肉豆蔻皮，当时润岛的价值是等同于曼哈顿的。但这种情况并没有持续多久，英国人把肉豆蔻树带到了格林纳达、锡兰（斯里兰卡）和其他殖民地，班达群岛对肉豆蔻的垄断供应也就此结束。

有时，专门的资源可能会耗尽，从而导致进一步的

克里斯托弗·科尔，
《1810年8月9日夺取班达群岛》，1818年，版画

经济问题，例如对鸟粪的利用。在19世纪，秘鲁附近的岛屿，如巴勒斯塔斯群岛，在贸易中占有重要地位，到了20世纪，对太平洋的瑙鲁、巴纳巴（基里巴斯共和国）和马卡泰阿（法属波利尼西亚）上源自鸟粪沉积物的磷酸盐岩的开采，给这些岛屿带来了巨大的财富。磷矿开采使得瑙鲁在20世纪六七十年代成为世界上人均最富有的国家，但磷矿资源的枯竭，加上其使用信托基金的不明智投资，让这个世界上第二小的独立国家陷入了财政困境。为了赚钱，瑙鲁已经沦为澳大利亚非法移民的居住地。此外，瑙鲁的景观也已经遭到毁坏：虽然瑙鲁实施了一项土地恢复计划来改善这一问题，但曾用来开采磷酸盐的大部分高原已经变成了石灰石尖岩，令

人不快。瑙鲁是过度开发一种专门且有限岛屿资源的典型案例,令人遗憾的是,这种做法只能获得相对短期的收益。

鱼类的供应往往是不可靠的,专门从事渔业的岛屿可能会后悔作出这一决定。每个时代都有这样的例子。在爱尔兰西北海岸,威廉·伯顿·康恩汉姆是包括拉特兰岛和伊尼什库岛在内的一系列岛屿的所有者,他在1788年建成了一个以鲱鱼为主的大型渔场。1782年至1783年,据估计,当地的捕鱼量可以填满英国所有的船只。第二年,该地区有3 300名渔民和300多艘渔船。康恩汉姆在拉特兰岛上建立了一个有规划的村庄,里面有码头、剖鱼间、盐厂、绳索厂、商店、石灰窑、铸造厂、旅馆、邮局和海关大楼。在伊尼什库岛上还有一个造船厂。这里吸引了商人和定居者,并提供了一个大型渔业企业所需的所有住宿和基础设施。然而,1790年,鲱鱼产量不到1万桶;1793年,渔业几乎完全失败,到18世纪末,该企业已经被放弃了。人们认为该企业失败的可能原因是过度捕捞,特别是对幼鱼的过度捕捞、拖网捕鱼破坏了鱼类觅食地以及海水温度下降。

尽管当地的一些手工捕鱼活动仍在继续,但在19世纪初,连续的风暴导致许多建筑物被沙子覆盖,让渔场无法重新启动。1992年,为了保护和恢复鱼类种群,纽芬兰禁止在近海捕捞鳕鱼,这一禁令深刻地改变

大量开采磷酸盐后的瑙鲁

加拿大纽芬兰的一个外港

了该岛的经济和地理状况,对其渔村和外港的影响尤其严重。

在单一栽培的情况下,病害是一个影响供应的因素。历史上与这种风险相关的有希腊的萨摩斯岛。葡萄根瘤蚜，一种源于北美的、与微小的吸树液昆虫有关的葡萄病害，在19世纪中期开始摧毁欧洲的葡萄园。于是，意大利和法国的生产商把目光投向了还没有这种昆虫的东部地区，以确保葡萄酒和葡萄干的供应。拥有葡萄栽培经验的萨摩斯岛是被选中的地方之一，岛上大约十分之一的面积用来种植葡萄。然而，当西欧开始重新种植来自北美的抗根瘤菌品种时，人们对萨摩斯产品的需求下降，导致供应过剩，尤其是葡萄干的供应。随后，根瘤蚜又摧毁了萨摩斯岛上的葡萄藤，岛上的生产也枯竭了，由此导致了19世纪晚期该岛的大规模移民。后来，该岛引入烟草作为替代作物，直到可以种植抗根瘤菌的葡萄品种。第二次世界大战后，烟草产量下降，但一些葡萄酒产业幸存了下来。该岛主要生产麝香葡萄酒，从1934年起葡萄酒产业由一个生产合作社管理。

还有可能会存在需求问题。例如，1907年到1965年，圣赫勒拿岛专门种植亚麻来制作绳索。当时的主要客户是英国皇家邮政。当英国皇家邮政采用塑料绳和松紧带等更便宜、更方便的方式捆绑信件时，圣赫勒拿岛的经济就崩溃了。圣赫勒拿岛的经济至今尚未完全恢复。产量小的岛屿生产者只能接受价格，而没有制定价格的权利。岛屿生产者最好是努力为岛屿品牌争取一个市场，以确保从小生产中获得最大收益。圣赫勒拿岛现在不生产绳索了，但它开始向岛外销售咖啡。现在圣赫勒拿岛咖啡已然是世界上第三昂贵的咖啡了。由岛屿生产的昂贵的苏格兰麦芽威士忌,来自艾拉岛和它的邻居汝拉岛。对于这些小规模的生产者来说,重要的就是要建立一个品牌,让消费者认识到他们的产品是特殊的、高质量的,额外收取费用是很值得的。

移民

岛屿斗争影响到的是岛上的居民。如果他们的岛屿不能提供生活所需,人们离开岛屿是很常见的。只是试图去缓解问题可能无济于事。人口密集地区委员会是一个区域发展机构,成立于1891年,目的是缓解爱尔兰西部地区(包括其岛屿)的贫困状况。然而,由于该委员会将岛屿与大陆的市场、人们的生活方式和价值观紧密地联系起来,岛民们重新评估了自己的生活方式之后,发现这种生活方式既艰苦、无利可图又乏味无聊。所以很多岛民就离开了。一位来自伊尼什默里岛的移民移居到了美国,并找到了一份送杂货的工作,穿着一件漂亮的白衬衫,打着领带,他觉得自己仿佛来到了天堂,因为相对于在岛上辛苦工作(也就是烧制海草灰)但几乎没有什么收获来说,他的新生活要轻松得多。1946年,伊尼什默里岛的居民意识到岛上的生活已经无法忍受了,因此申请迁往大陆。有时也会有一个催化剂,也就是一个影响迁移决定的事件。1958年,爱尔兰伊尼沙克岛上的一名男子死于阑尾炎,因为他花了5天时间才能把自己的病情报告给大陆的医务人员。23名岛民在这不久就向当局请愿,要求将他们迁往大陆。19世纪的大部分时间里,这座岛有200多人居住,但1960年该岛被遗弃了。对于政府来说,这样做比把成千上万英镑投入建造一个新港口要便宜得多。在了解每个岛屿的情况同时,我们也可以认识到岛屿移民的普遍性:岛屿居民对他们小社区的期望大于小社区所能提供的。随着他们的离开,这些社区能够提供的东西越来越少,于是就会出现螺旋式的衰退。在太平洋的马绍尔群岛和基里巴斯共和国等群岛国家,人们离开外岛,导致外岛的人口减少,同时涌入首都马朱罗岛和南塔拉瓦岛的人口,给那里的环境和社会带来了压力:这是一个双输的局面。

印有亚丁检疫岛风景的明信片

岛屿的优点：安全性、隐私性和其战略位置

岛屿的孤立性有时是一种优点。岛屿之所以经常被利用是因为它们的孤立凸显了它们的价值，有时这种价值在其战略意义上有所体现。阿森松岛曾被用作军事基地、从海底电缆到广播的通信中继站以及第二次世界大战中的战略机场。现在，阿森松岛仍然是前往马尔维纳斯群岛的中转站，并作为导弹和卫星跟踪站运作，所有这些用途都是基于其在大西洋中部的战略位置。其他的战略性岛屿还有百慕大群岛，它是英国在1812年袭击华盛顿白宫的基地，1945年美国就是从该岛出发向日本投放的原子弹。

法国科西嘉岛梅祖梅尔的一个旧检疫所

美国目前仍在世界各地保留着岛屿军事基地，这种做法引起很大的争议。关岛是美国的无建制领土，因此那里的基地没有引起国际上的紧张局势，这与英属印度洋领地查戈斯群岛的迪戈加西亚岛形成了鲜明的对比。1968年至1973年，为了美国军方的利益，查戈斯群岛上的岛民被驱逐到毛里求斯。1986年马绍尔群岛从美国独立后，夸贾林环礁仍被美军留下来用于导弹计划。美国人在百慕大群岛、库鲁苏克岛、格陵兰岛、别克斯岛、波多黎各和其他岛屿上也有基地。1960年塞浦路斯获得独立时，英国在该岛保留了两个主权基地，因为塞浦路斯位于地中海东部，毗邻中东海岸，十分具有战略意义。正如冲绳和其他设有外国基地的岛屿一样，当地人对在塞浦路斯建立基地提出了抗议。

岛屿的孤立性还可以有其他的用途。克里特岛附近的史宾纳隆加岛曾经是威尼斯人的重要堡垒，在1903年至1957年被用作隔离检疫站（麻风患者隔离区）。科西嘉岛附近的梅祖梅尔小岛也曾有一个麻风病院。利用岛屿的孤立性将其作为监狱也是很著名的做法，还可以证明岛屿孤立性的好处，因为岛屿周围的海水为监狱提供了额外的安全保障。澳大利亚的岛屿大陆曾是英国的罪犯流放地，而它的一些离岸岛屿，包括诺福克岛和塔斯马尼亚的部分地区，则是安全级别更高的监狱。1899年至1902年南非战争期间，英国把布尔人关押在圣赫勒拿岛和百慕大群岛，并在第二次世界大战期间将德国人关在马恩岛上。爱尔兰的斯派克岛曾是英国人关押犯人的营地,也是爱尔兰独立斗争期间关押爱尔兰共和军成员的地方。即使在 1922 年独立后,斯派克岛仍作为英国的监狱和基地保留到 1938 年。法属圭亚那附近的魔鬼岛是一座臭名昭著的监狱,从 1852 年到 1946 年,用来关押包括阿尔弗雷德·德雷福斯在内的法国政治犯以及惯犯。最著名的岛屿监狱当属位于旧金山湾的恶魔岛,它占地面积约为 8.9 万平方米。该岛以前用于军事,1933 年至 1963 年曾作为联邦监狱。和南非的罗本岛一样,恶魔岛现在也是一个著名的旅游景点。罗本岛位于开普敦,在种族隔离时期,纳尔逊·曼德拉和其他推动黑人运动的人被监禁在这里。

岛屿也因其与世隔绝的特点而被视为静修之地,例如南威尔士卡尔代岛的西多会修道院。英格兰东北部的林迪斯法恩,是一个周期性岛屿。奇特的地貌只是它吸

旧金山湾的恶魔岛

2. 岛屿的特点

约翰·沃里克·史密斯,《从卡尔代岛看到的景色》,1787 年,水彩画

爱尔兰克莱尔郡毕晓普斯岛上的隐士小屋

引人的地方之一。吸引游客而来的还有它的基督教文化遗产,635 年,岛上建立了一座修道院。在苏格兰,面积更大的阿伦岛与圣岛相距甚远,其基督教文化遗产可追溯到 6 世纪。苏格兰西海岸附近的爱奥那岛,保留着一

约翰·瓦特·比蒂,
1906年,所罗门群岛
皮莱尼,一艘支腿独
木舟的手工彩灯滑梯

座重要的中世纪修道院。斯凯利格·迈克尔岛是联合国教科文组织批准的世界文化遗产,其修道院建筑采用爱尔兰建筑风格。爱尔兰附近还有很多这样的岛屿,斯凯利格·迈克尔只是其中最著名的一个。

3. 岛屿的特性、神话与习俗

岛屿生活有一个特殊的性质，即岛屿虽然始终是广阔世界的一部分，但仍然保持着与世隔绝的状态。而岛上的居民似乎经常与他们的岛屿建立一种关系，这种关系成为他们身份的一部分。因此，"岛民"一词经常被用来描述来自岛屿的人，但英语中甚至没有一个常用的名词来描述来自大陆的人。

岛屿的特性

岛屿特性的发展与岛屿的边界性有关，正如一位作家所言：

"岛屿的水体边界常常令人感到恐惧，有时甚至无法通过，这更增强了岛屿的特性，而且会让人感到这个地方更接近自然世界，因为岛屿比较小，邻里之间的距离也更近。"

这一点可以从这位作家的经历看出,他甚至在著作《来自克利尔角的人》中也描述了他的岛屿。克利尔角是爱尔兰西南部的一个小岛。这位作家十分认同自己的岛屿,他说:

"如果明天有人让我离开这个荒凉、条件艰苦的地方,到其他地方去生活,在那里我将拥有我想要的一切有利条件。我会这样说,我一生都在这个远离集市的偏僻地方谋生。虽然我的脸颊日渐瘦削,脊背已经弯曲,但我和我拥有的那片土地已经习惯了彼此的陪伴,我离不开它。"

岛民的身份认同可以和岛屿的独特性联系在一起,

佚名,《普罗奇达岛》,18 世纪,水彩画

3. 岛屿的特性、神话与习俗

这种独特性也许是岛上的传统和文化。以朝鲜半岛南部最大的岛屿济州岛为例,当地文化最直观地表现在散落的"石头爷爷"雕像上,这些雕像表现的是男性的头颅和躯干,它们守卫在新旧房屋的入口处,用以辟邪。在韩国其他地方并没有这一传统。

笔者在济州国立大学教授暑期班时,曾向班上所有岛民询问他们的身份。答案很明确也很一致:他们首先认为自己是济州岛人,其次才是韩国人。

在所有的岛屿都可以得到这样的回答,布雷顿角岛就是一个很好的例子。这个位于加拿大东部的岛屿最初

韩国济州岛上的现代版石头爷爷

被米克马克人占领，他们中的一些人至今仍居住在那里，该岛随后被殖民。在1713年的《乌特勒支和约》将该岛划分给法国之前，它一直被欧洲渔民利用，后来1763年的《巴黎和约》将其划归英国，在两次条约之间，布雷顿角岛成为欧洲人互相竞争的域外战场。法国人在岛上建立了路易斯堡，但它两次落入英国人手中，第一次是在1745年，随后英国人将其交还；第二次是在1758年，英国人将路易斯堡摧毁，防止它再次威胁到英国的利益。这些利益之争主要集中在新斯科舍大陆的哈利法克斯，而布雷顿角岛作为新斯科舍省大殖民地的一部分一直被殖民者统治着，直到1784年，这个殖民地被分成了三个部分：新斯科舍、布雷顿角岛和新不伦瑞克。布雷顿角岛一直是一个独立的殖民地，直到1820年不得不与新斯科舍省重新合并，后来政治运动导致的移民潮让布雷顿角岛的小型行政管理机构不堪重负。布雷顿角岛的过去，包括它的盖尔语遗产，在其文化中得到了体现。人们记忆中，盖尔语曾作为第一语言使用。事实上，出于旅游营销的目的，布雷顿角似乎是一个移植的苏格兰岛屿。驱车沿同乐会小路行驶，可以参观格伦诺拉威士忌酒厂和爱奥那的高地村庄博物馆，还能看到悉尼城区邮轮码头上的巨型小提琴雕像，也可以听到它的声音，因为藏在底座里的扬声器会传出苏格兰小提琴演奏的音乐。

布雷顿角岛的工业遗产也加深了岛屿的身份认同，这种身份认同有时会激烈地表达出来。"我来自海湾，孩

3. 岛屿的特性、神话与习俗

子",这是一个与格莱斯湾居民有关的表达,格莱斯湾曾经是一个煤矿社区,而这句话的言下之意是,"我是从海湾来的,孩子。那你打算怎么做呢?"新斯科舍省的其他地方没有像这个岛屿一般的经济史,人们普遍认为,哈利法克斯的省级行政长官都不了解也不能恰当地处理该岛的问题,就更不用说遥远的渥太华联邦政府了。布雷顿角岛甚至有自己的旗帜,人们不用去刻意观察就能发现,这面旗帜与省旗和国旗一样随处可见。如果问布雷顿角岛居民是哪里人,答案几乎和济州岛居民一样,他们首先是岛民,是布雷顿角岛岛民。他们可能也会说自

加拿大布雷顿角岛,一艘游轮和一把巨型小提琴

57

己是"海上居民",来自新斯科舍的"海上居民",当然,他们也会说自己是加拿大人,但不太可能承认自己是新斯科舍人。

对岛屿的依恋和认同与在孤立环境中形成的共同遗产有关。这些因素在大陆也会产生身份认同,按规模大小从部落到国家都可以产生身份认同,但岛屿的性质可能会让这一情况更加明显。圣赫勒拿岛就是其中一个例子,它是位于南大西洋的玄武岩岛屿,面积为122平方千米。圣赫勒拿岛与世隔绝,它是葡萄牙人在1502年发现的,当时岛上没有任何原住民。葡萄牙人利用该岛为该国从亚洲返回的船只提供水和食物。他们试图对圣赫勒拿岛的存在保密,但因为该岛恰好位于大西洋上空的信风带,所以其他欧洲国家的船只在从亚洲绕过好望角后不可避免地会经过它。因此,岛上的资源争斗不断。偶尔会有生病的水手被留在岸上等待下次救援。1659年,英国东印度公司将该岛占领并加强防御之前,这个岛上并没有永久居民。英国占领该岛是为了确保给从亚洲返航的船只提供补给,并作为连队舰队的会合点,因为考虑到当时欧洲战争频发,连队舰队可以在护航途中返航。英国东印度公司必须建立农业定居点,以生产其船只和岛上驻军所需的食物。然而,尽管东印度公司向平民提供农田,但很难吸引他们移民到该岛,因此东印度公司不得不接收一些奴隶。1673年,圣赫勒拿岛落入荷兰人之手,这也证明了岛屿防卫的困难。几个月后,英国海

3. 岛屿的特性、神话与习俗

军夺回该岛，圣赫勒拿岛需要重新安置，基于此，东印度公司采取了更为严苛的政策。也许是对该公司的不满，圣赫勒拿岛的平民发展成了一个团结的社区。1694年的一篇报道对岛民的社会和身份认同给予了好评，报道称：

> "岛上居民具有英国人的精神，认为他们生来就是自由的，绝不能屈从于任何与自己和公众不一致的利益。"

圣赫勒拿岛一直处于英国东印度公司的控制之下，直到1834年才成为英国直辖殖民地。在镇压奴隶贸易期间，该岛被用作基地，因此更多的非洲人来到了这里，留下了非洲血统；从1815年到1821年拿破仑身边的人被囚禁在这里，又留下了一些法国人的基因；另一条基因链来自1899年到1902年南非战争期间作为囚犯被关押在这儿的布尔人。

年龄足够大的英国游客经常会说，这个岛屿及其居民让他们想起了一个无论是在时间上还是在空间上都很

威廉·波考克，《东印度公司在圣赫勒拿的船只》，**1815年**，水彩画

圣赫勒拿首府詹姆斯敦

遥远的英国,一个社会革命之前的英国。岛上的居民讲英语,板球是他们主要的运动项目,他们还爱喝啤酒。此外,这里的人们,无论来自哪,听起来都像山姆·威勒(狄更斯笔下的一个人物)的朋友,会在下午三四点钟停下来喝茶。这种身份认同以及岛民的忠诚,受到了1981年《英国国籍法》的挑战。这项法律剥夺了英国殖民地公民在英国的居留权。该法案违背了查理二世在1674年将该岛归还给英国东印度公司后所作的承诺,即该岛居民将永远享有一切权利——"就像他们一直在我们英格兰王国出生和居住一样"。一位老妇人对来访的记者说:"这太不公平了。我们是英国人的殖民地,我们来自英国。而现在他们却摈弃了我们。"另一名在该岛首府詹姆斯敦观看童子军游行的游客描述道,"这是英国最可

3. 岛屿的特性、神话与习俗

1986年，阿留申群岛沙角的教堂

爱的仪式，由那些明知自己是英国人却得不到英国承认的人参与，他们被殖民国当作渣滓对待"。2002年《英国海外领土法》恢复了圣赫勒拿岛岛民英国公民的身份。圣赫勒拿人的身份认同反映了殖民统治者所做出的决定（首先是英国东印度公司，然后是王室）以及英国文化在几个世纪以来的主导地位。圣赫勒拿岛的环境所造成的制约因素也影响到了圣赫勒拿岛人的身份认同，包括不同种族之间的通婚。

因此这个与世隔绝的岛屿社区就形成了紧密、开放的友好氛围。在撰写本书时，政府经过数十年的承诺和一再拖延之后，终于做出了在圣赫勒拿岛上修建机场的

61

决定。政府还计划打造一个高尔夫度假胜地，旅游业将给该岛带来经济机会，但同时也避免不了带来压力并影响到岛民的身份认同。

岛屿由于其孤立性和规模，可能受到的影响范围有限。例如，在宗教方面，一个社区可能只信奉一种宗教。这种不寻常的情况出现在皮特凯恩岛上，该岛是世界上最小的独立管辖区，只有约50名居民。约翰·亚当斯是1790年殖民该岛的"邦蒂"号叛变者中最后的生还者。在他的带领下，岛上居民形成了某一基本信仰。1808年，约翰·亚当斯与皮特凯恩岛建立联系，1856年皮特凯恩的居民被转移到诺福克岛。不出几年，就有44人返回了皮特凯恩，现今那里的人就是由他们延续下来的。1876年，这群人收到了加利福尼亚两位牧师寄来的一箱小册子。这两位牧师听说了皮特凯恩岛的故事，安排了来岛的行程。10年后，约翰·泰来到皮特凯恩岛，在岛上待了几周，并让当地居民跟随了他的信仰。1890年，一艘名为"皮特凯恩"号的帆船将约翰·泰和一名牧师接回，并举行了仪式。"皮特凯恩"号后来在太平洋地区进行了六次传教旅行。

建岛有关的神话与宗教存在某种联系。例如，在被称为上加拿大（现在的安大略省南部）原住民的宇宙观中，即使是在靠近大陆中心的地方，岛屿也有特殊的意义。该地区的原住民认为自己是"半岛居民"或"岛屿居民"。根据他们的宇宙观，温达基是一个被三个湖泊

3. 岛屿的特性、神话与习俗

包围的岛屿，南部是一片沼泽，而他们把自己的世界想象成一个在海龟背上的岛屿，"大海龟在身体和精神上支撑着我们的大岛——美洲"。一个更本土化的建岛神话与"Abegweit"有关。"Abegweit"是米克马克对爱德华王子岛的称呼，该岛位于圣劳伦斯湾，靠近新斯科舍半岛，神话中也反映了这一地理环境。传说岛屿的创造者是拥有强大力量的格鲁斯卡普，而他是由一道闪电创造出来的。格鲁斯卡普代表着善良，而他的孪生兄弟则拥有邪恶的力量，从格鲁斯卡普的善行中人们得到了独木

诺福克岛上的英国皇家海军"邦蒂"号模型

舟、火和渔网等有实用价值的物品，还认识到了什么是善良，什么是邪恶。格鲁斯卡普体型庞大，据说新斯科舍省和新不伦瑞克省之间芬迪湾的岛屿就是他向那里的海狸投掷土块时形成的。格鲁斯卡普用红土（砂岩地质）和蓝色海洋中的绿色植被装饰着这个小岛。格鲁斯卡普睡觉时，新斯科舍半岛就是他的床，而小岛就是他的枕头。

另一个与地理有关的建岛神话故事是复活节岛的故事。公元700年后，波利尼西亚人移居到这个与世隔绝的火山岛，据说他们失去了对外部世界的认知。这大概与该岛的森林被砍伐以及由此导致的人们无法造船离开岛屿有关。他们的世界只有大海和岛屿。对于他们来说，这里就是"Te-Pito-O-Te-Henua"，其中一种译法是"世界的肚脐"。如果从字面上理解这一观点，那就是世界上全是水，而复活节岛是水面上唯一的陆地，就像肚脐一样。岛上居民持续的与世隔绝使得他们形成了自己复杂的祖先崇拜，他们在岛上立起巨大的摩艾石像来表达这种崇拜，有将近900个石像矗立在复活节岛的平台上。有一种说法是，岛上居民之所以砍伐森林，是因为要将这些树木做成滚轮，把雕像从位于东北部的拉诺·拉拉库采石场（雕像就是在这里雕刻的）移到矗立雕像的地方。另一种说法认为，这些雕像是从一个角落倾斜到另一个角落的。这一理论的支持者声称，在与欧洲接触之前，岛上很繁华，但其他人则认为，与摩艾石

3. 岛屿的特性、神话与习俗

复活节岛火山口附近的一组雕像，19世纪早期插图

像有关的崇拜在岛屿与欧洲接触之前就已经瓦解了，而且许多摩艾雕像在部族战争期间被推倒，这很可能是因争夺稀少的资源引起的。在这种说法中，1722年，当一艘荷兰船只遇到该岛时，岛上可能只有3 000人，是曾经的五分之一。那时，另一种习俗（与再生有关的鸟人崇拜）已经取代了祖先崇拜。拉诺·拉拉库已经被遗弃，在它的坡面上留着雕刻了一部分的摩艾石像，直到今天周围地面上放置的摩艾石像还守护着这个曾经的采石场。为了申请世界文化遗产，这些翻倒的摩艾石像又重新立了起来，让岛屿更具吸引力。拉帕努伊岛被联合国教科文组织列为世界文化遗产，旅游业是其主要的经济来源。

文化遗产和风俗习惯

　　岛屿可以成为传统语言和（或）习俗的宝库。它们可以通过岛民的共同经历发展出自己的语言。前面已经提到，济州岛的岛民说的不是朝鲜语的方言，而是他们自己的语言。另一个例子是诺福克岛，皮特凯恩人于19世纪迁移到该岛。他们来到诺福克岛时讲的是皮特凯恩语，这是他们家乡岛屿的语言，由18世纪"邦蒂"号兵变者的英格兰西部英语发展而来，并掺杂着塔希提语。在诺福克岛，这种语言已经转变为现在的诺福克语，该语言已受到2004年《诺福克岛语言法案》的承认和保护。

　　在不列颠群岛，英语占主导地位，但也（曾）有过其他的传统语言，如凯尔特语族中的苏格兰盖尔语、爱尔兰语、威尔士语、马恩岛语和康沃尔语，以及海峡群岛上的一些法语方言。其中一些语言是岛屿特有的，比如马恩岛上的马恩岛语，根西岛上的根西语和泽西岛上的泽西语。在萨克岛有一种叫作"Sercquiais"的泽西语方言。而在奥尔德尼岛则使用其他方言，不过这种方言已经消失了。该岛居民在第二次世界大战期间被流放，因此失去了岛上的一些传统。传统语言已经被英语挤到了一边，只能在一些偏远的山区、农村，或者本书提到的一些岛屿上，作为第一语言而幸存下来。威尔士语在大陆的使用程度比其他语言要广。不过其中威尔士语的一个捍卫者是莫纳岛,讲威尔士语的岛民们更喜欢称它为"Ynis Môn"。苏格兰的盖尔语虽然仍是高地地区的第一语言,但在西海岸的斯凯岛、内赫布里底群岛,尤其是更偏远的外赫布里底群岛或西部群岛,盖尔语的使用更为广泛。爱尔兰也有类似的故事,尽管官方支持和鼓励使用爱尔兰语,但爱尔兰语作为第一语言的地位已经大不如前。在国宾仪式上,爱尔兰总统会用爱尔兰语开场,然后再改用英语。爱尔兰语的使用具有政治上的共鸣,因为英语是殖民主义者的语言,从詹姆斯·乔伊斯的小说到谢默斯·希尼的诗歌,许多伟大的英国文学作品出自爱尔兰人之手(塞缪尔·贝克特、希尼、萧伯纳和叶芝曾获得诺贝尔文学奖),这是一种后殖民时代的讽刺。不过,在爱尔兰的一些岛屿上,包括托里岛、阿兰莫尔岛、阿伦群岛的三个岛屿(伊尼什莫尔岛、伊尼什曼岛和伊尼希尔岛)和克利尔岛,尽管岛民普遍能够理解英语,但爱尔兰语才是真正的第一语言。岛屿语言的存续可以归因于这些岛屿远离现代化进程,而现代化进程使得英语在其他地方占据了主导地位。同样,苏格兰西部群岛区的南部岛屿以天主教为主,因为这些岛屿非常偏远,以至于宗教改革从未波及这些岛屿。

岛民们可以形成一些风俗习惯,帮助他们在有限的空间处理生活问题。一位评论家在谈到图瓦卢时写道,"岛屿的孤立性和相对脆弱性可能促使岛民采取更

苏格兰刘易斯岛上的社区商店

具适应性和更有优势的方式来组织岛屿社会和岛屿经济"。在基里巴斯共和国也发现了类似的情况。基里巴斯共和国和图瓦卢以前是英属吉尔伯特和埃利斯群岛殖民地，后来分别独立并改名。在基里巴斯共和国首都南塔拉瓦，也是基里巴斯共和国唯一城市化的地区，可以看到一些传统的做法，如在房前屋后保留小块农田等，人们仍在开发椰子和其他作物。每隔一段时间，就会出现为社会支持体系——"mwaneaba"（意为"将土地上的人聚集在一起"），而建造的集会场所。这些建筑也被称为"mwaneaba"，传统上是由当地的椰子树和露兜树制成的，不用胶水或钉子，只将它们捆扎在一起。这是当地人的集会场所，在这里，人们一起讨论共同关心的问题，给予支持，开展社会活动，并在老人们的监督下规范行为。

但是，面对城市化发展和现代化进程，这样的传统有时会与这些变化做斗争，并给南塔拉瓦的自然和社会系统带来压力。早在1969年，一位政府官员就写道：

> "城市化之所以成为一个问题，只是因为人们在城市化的进程中对城镇的物质资源提出了不可能实现的要求……分配更多的物质资源只会加速人口的流入，让情况变得更糟……从国家资源配置的角度来看，城市化被视为去乡村化。人们把社会和物质资源留在农村地区（农村地区随后衰败），转而利用城镇中不存在的社会资源和过度紧张的物质资源。"

20世纪90年代，人们对南太平洋城市化问题进行了深入研究，社会支持体系制度的局限性已变得十分明显：

> "南塔拉瓦地区的人口失衡导致环境压力越来越大，人们生活质量有所下降。不能指望这种制度发展成具有国际竞争力和生产性的经济，只有这种经济能够发展成更大的经济，才能支持增加就业、增加收入、满足不断增长的物质福利的需要，以及产生经济盈余和更大的税收基础，资助现代卫生、教育和其他公共服务。"

这份研究报告发布以来，南塔拉瓦人口增加了，局

基里巴斯共和国南塔拉瓦的"mwaneaba"

势更加恶化。1995年,南塔拉瓦有25 380名居民,占全国总人口的32.7%;2005年,居民总数增加到40 311人,占全国人口的43.6%。"mwaneaba"本质上是一个以村庄为基础发展起来的制度,它难以应对南塔拉瓦的城市移民,因为这些移民来自不同的地方和不同的岛屿。甚至连南塔拉瓦的建筑形式也开始发生改变。南塔拉瓦的"mwaneaba"现在更倾向于反映宗教团体而不是地区,通常是用波纹铁和其他进口材料建造的,而不再使用旧式的木材和茅草。与传统建筑相比,这些新式建筑更热、更不舒适,而社会的变化可以从城市姆瓦尼亚巴比以前更加注重娱乐,少了拘谨和礼仪这一事实看出。而"mwaneaba"内比以前更注重娱乐,少了礼节和礼仪,这也是一种社会变化,反映了两代人之间和不同性别之间关系的变化。简而言之，南塔拉瓦可以被视为一个矛盾的场所，因为"mwaneaba"未来的社会角色被重新定义，这与建筑材料的变化、当代青年日益远大的抱负以及对性别平等的要求有关。"mwaneaba"传统上是世代相传的机构，但在南塔拉瓦，这种建筑已成为变革的催化剂。

支持岛屿遗产

岛屿社会往往反映了其岛屿故事中的特殊情况，当岛屿社会面临压力时可能会采取特别的措施来保护这些特殊情况。自1928年，圣安德烈斯岛一直是哥伦比亚的一部分。从17世纪20年代起，英国人以海盗的形式统治该岛，导致该岛上的人口主要是牙买加奴隶的后裔。根据1991年哥伦比亚宪法，这些人在岛上居住的时间很长，长到足以被视为"少数民族"。他们的语言和宗教都受到保护，岛上规定居民必须登记，通过限制来自哥伦比亚大陆的移民来保护该岛的可持续性。然而，这些限制遭到无视：移民仍在继续，许多人为了逃避哥伦比亚大陆的动乱而来到这里，当地人已减少到该岛约7.5万人的1/3。圣安德烈斯岛最近的一项研究表明，在这个现在拥挤不堪的岛上，不受控制的非法移民对环境和社会都是一个严重的问题。

如果能够赋予岛民权利，那么维持岛屿的特殊遗产工作将更加成功。欧洲通过发展合作社来赋予岛民权利，例如1978年在爱尔兰阿兰莫尔岛成立的合作社。除支持岛屿生产者和促进经济多样化外，到2000年，该合作社还参与引进了1艘渡轮，建设10栋政府补贴的住房、1个保健中心、1个手工艺设施和多项社区中心翻修工作。

　　岛民还开发阿兰莫尔的遗产。由于该岛岛民讲爱尔兰语，因此有资格获得政府的额外支持，还开办盖尔语浸入式暑期学校，每年吸引大约200名学生。在20世纪80年代，爱尔兰岛屿合作社的一些秘书组成了一个集体，以共同支持他们的岛屿。游说团体岛屿理事会敦促爱尔兰政府推动所有岛屿的发展。1987年岛上成立了一个政府委员会，负责监督岛屿事务，后来，这些岛屿受到艺术、遗产、盖尔语和岛屿部的监督。之后经过两次改组后成为艺术、遗产和盖尔语部，名字中"岛屿"的删除并没有产生多少实际影响，因为仍然有专门的资助：

　　"该部门的一个中心目标是确保岛上可持续的、充满活力的社区能够继续运行。令人满意的服务和完善的基础设施是维持岛屿人口的重要条件。该部门的目标是通过投资来满足这些要求。"

　　此外，爱尔兰各岛屿还得到了欧盟的支持，特别是通过区域发展基金提供的支持。在一些岛屿的牌子上记录了欧盟对码头和能源供应等设施投资的情况。所以，这些岛屿的支持来自多种多样的途径。例如，位于西北海岸的托里岛曾经通过农业和渔业来养活当地居民。近年来，当地的捕鱼工作似乎更多地变成了一种爱好，少数人还把重点转移到了捕捞龙虾上。不过，这里有一个相对较新的酒店，还有了现代化的保健中心、新的商店以及最近建造的私人和公共住房，港口也得到了扩建。特别具有象征意义的是市政住房，因为20世纪80年代，当托里岛有可能被遗弃的时候，大陆上正在建造这种房屋。从2000年开始建设的新码头和船台是一项价值890万欧元的公共投资，由欧盟援助建设。这些建设有助于发展高质量的轮渡服务，因此岛民决定留在岛上，而其他早前迁往别处的岛民也回到了岛上。一位返乡的岛民建造了酒店，增加了当地游客接待能力，并提供了餐厅和活动场所。该岛也对其丰富的文化遗产，特别是爱尔兰音乐加以利用，同时还在这里举办艺术节。这里还有一群风景画画家，他们的画风被称作托里岛原始画派，他们的画廊吸引了游客的到来，也成为旅游经济的一部分。

4. 岛屿：试（实）验空间

长期以来，岛屿在人类的尝试和努力中占据着特殊的地位，特别是在科学和技术方面，因为岛屿与外界相隔很远，所以有些岛屿成了易管理的试（实）验空间。例如，在第二次世界大战期间，德国人在乌瑟多姆岛上的佩内明德建立了军事研究所，在这里设计并生产了V1型无人驾驶导弹飞机和V2型火箭。然而，事实证明，这一点不可能瞒得过空中侦查，于是英国人在1943年轰炸了佩内明德。

岛屿也可以作为环境试验空间，因为大自然本身也在进行着试验。气候变化是目前环境试验最明显的例子，因为岛屿能够最快且最强烈地感受到气候变化的影响。如果人类看到海平面上升，风暴增多以及其他极端天气事件对图瓦卢或马尔代夫造成的毁灭性破坏，并留意这些案例，那么这些"矿工的金丝雀"（金丝雀对瓦斯这种气体十分敏感，以前欧洲的矿工下井时会带上一只金丝雀，通过观察金丝雀的状况来判断井下空气的质量）或许能拯救这些岛屿，甚至能拯救整个地球。岛屿的空间

4. 岛屿：试（实）验空间

在德国乌瑟多姆岛佩内明德展出的 V2 火箭

范围有限，也能够显示出资源和土地的争夺是如何诱发或催化问题的，特别是在人口密度不断增加的地区。

此外，岛屿还与动植物群的特殊发展有关，将岛屿作为试（实）验场所有助于促进包括生物学和社会人类学在内的学科发展。简而言之，岛屿有许多可供研究之处。近年来，一个蓬勃发展的学科分支"岛屿研究"已经发展起来，它跨越了许多传统学科的边界。

科学表现

"岛屿作为试验场所"的概念最容易适用于科学。岛屿有时也是进行科学活动的舞台。岛屿规模小且易于控制的特点对于科学活动来说非常重要。其中一个最好的例子就是现在的瑞典文岛，第谷·布拉赫在这里进行了开创性的天文学研究。1576年，当时的文岛和周围的斯堪尼亚地区还属于丹麦，腓特烈二世将该岛（当时为丹麦王室土地）赐予布拉赫。岛上租户的租金归布拉赫所有，国王出资为他建造乌拉尼堡——更像一座城堡和天文台。乌拉尼堡内设有用于炼金的化学实验室，它还是拥有40多名科学家的研究中心。1584年，布拉赫建造了一个独立的地下观测站，为科学仪器提供了更好的运行环境，从而使天文学家能够更准确地测量恒星的位置和行星的轨道。布拉赫一直留在文岛，直到1597年他与腓特烈二世的继任者克里斯蒂安四世关系恶化，才搬到了布拉格。文岛是孤立的，就像一座堡垒一样，科学家可以控制其入口以保持自己不受干扰。

在其他情况下，岛屿不仅是建立实验室的地方，更是用来进行实地试验的场所。这就涉及一些有争议的，甚至很危险的活动。苏格兰的格鲁伊纳岛在第二次世界大战期间被用作试验场，当时需要找出更多可以建造武器的生物制剂。炭疽是其中一种制剂。英国政府买下了无人居住的 2.11 平方千米的格鲁伊纳岛进行实地试验,因为它的海洋边界能将污染的范围限制在岛屿之内。装有炭疽孢子(炭疽杆菌)的炸弹被悬挂在一个龙门架上并引爆。这些孢子云被 80 只羊不幸吸入,因为它们分别被拴在距爆炸地不同距离的下风处。炭疽的功效研究表明,炭疽孢子对环境和羊的影响持久,如果对德国城市使用炭疽,那么这些城市将在几十年内都无法居住。1979 年,来自英国波顿唐化学防御机构的科学家在《自然》杂志上发表的一篇文章指出,一直禁止游客进入的格鲁伊纳岛部分地区仍然受到污染。这已经变成了一个政治问题。1981 年,装着含有炭疽的岛屿土壤的包裹被放置在波顿唐外面,另一个不含炭疽的包裹被送到执政的保守党会议上。1986 年,对该岛进行了甲醛净化处理,随后被带到岛上的羊没有感染炭疽。1990 年,随着该岛检疫工作的结束,一名政府部长拆除了"禁止登陆格鲁伊纳岛"的警告标识牌。

众所周知,岛屿还被用来进行核武器试验。核爆炸显然会造成很多直接的破坏,并释放出有害的甚至是致命的污染物,所以核武器试验都是在偏远的地方进行的。1955 年至 1963 年,英国人选择将澳大利亚南部马拉林加的内陆地区作为核试验场,不过对于马拉林加原住民来说,这里并不偏远。英国人于 1952 年首次在西澳大利亚附近的蒙特贝洛群岛进行了核武器试验,并于 1956 年进行了另外两次试验。从1956年到1958年，英国人在太平洋的马尔登岛和圣诞岛爆炸了核装置，圣诞岛当时是英国的殖民地，现在是基里巴斯共和国的一部分。在进行核试验时，岛民没有被撤离，可以这么认为，他们的殖民者并未将其要做的事情充分告知岛民，也没有征求他们的意见。1962年，美国也在圣诞岛进行了核弹试验。法国从1966年开始利用偏远的殖民岛屿（法属波利尼西亚的穆鲁罗阿环礁和方加陶法环礁）进行核试验。在1974年之前，炸弹都是在大气层中爆炸的，后来在新西兰的指责下，试验才发生变化。然而，对法国这种行为的抗议并未结束，因为环礁潟湖下的水下火山岩并不是特别坚硬或固结，可能受不住核弹爆炸产生的威力。1979年的一次测试就造成了海底滑坡，人们担心放射性污染物会泄漏到海洋中。法国在1996年1月进行的最后一次试验，正好是在联合国宣布《全面禁止核试验条约》之前进行的。

1946年至1958年，美国人在其拥有的马绍尔群岛内或附近进行了66次核试验，大部分集中在该群岛北部的比基尼岛和埃内韦塔克环礁。有时他们未能恰当地疏散当地人，无可争辩的证据表明由此产生了不利的影响。美国在马绍尔群岛进行的66次核试验中，有20次在有人居住的环礁上进行的，产生的可测量沉降物约造成170人死亡。受影响最严重的是朗格拉普环礁上的人。1954年在比基尼环礁进行的布拉沃城堡试验产生的威力比预

1946年美国在马绍尔群岛的比基尼环礁测试核弹的"十字路口行动"

期的要大，而且核弹是在风向改变后引爆的，放射性尘埃云被吹向了东边。约2厘米大的辐射碎片覆盖了120千米外的朗格拉普环礁，这些碎片像雪花一样飘落下来。岛上的居民不得不重新安置，但三年后又被允许返回，结果再次受到环境的影响。他们在1985年再次撤离，直到现在这个环礁才重新安置居民。有人认为，这些无权无势的岛民是被美国当作医学试验的对象，而该岛实际上就是一个试验场所。虽然这种说法可能被当成是阴谋论而不予考虑，但对在"项目4.1"中受影响的人还是进行了全面的医学研究。

还有一个悲惨的案例牵涉到比基尼环礁的167名居民，他们在第一次核试验前被迁往一个无人居住的小环礁——罗杰里克。由于那里很难种植粮食，他们又被安置在了基利岛。然而，基利岛是一个没有潟湖的孤岛，其地理环境不适合比基尼人的生活方式。从1969年开始，有几个家庭获准返回比基尼环礁，但发现当地的食物供应，如螃蟹和树木被高浓度的铯-137污染了。因此，这些人再次被迁移，现在多隐居在埃吉特。岛民要求赔偿的诉讼至今仍未得到解决。

现在，美国人仍在利用马绍尔群岛进行军事科学研究。世界上最大的环礁——夸贾林环礁，在马绍尔群岛获得独立后被美国保留下来。美国人向潟湖中发射导弹，以测试导弹性能，并在环礁上的罗纳德·里根弹道导弹防御试验场进行其他军事科学研究。马绍尔人和该基地

4. 岛屿：试（实）验空间

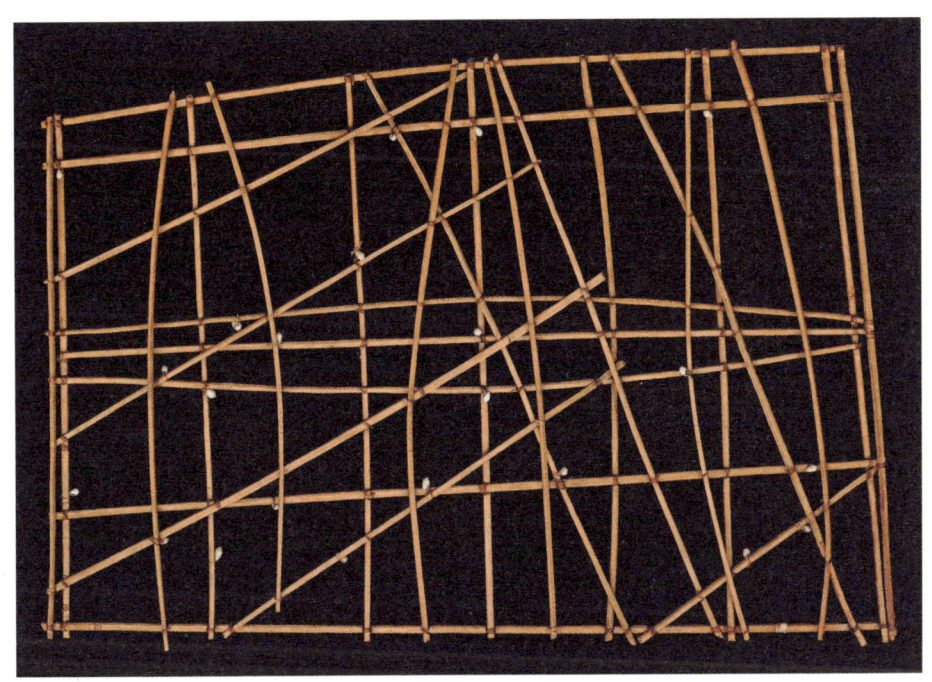

马绍尔群岛的柱状图

工作人员已定居在埃贝耶岛——地球上人口最稠密的土地之一，约有 1.5 万人挤在只有 0.32 平方千米的土地上，一些朗格拉普环境难民也住在这里。

关于马绍尔群岛还有一些值得研究的问题，如船员在文字发明前是如何发展当地航海技术的。这些低洼的环礁很快就会从海上人们的视线中消失，因此，从一个环礁到另一个环礁的航行需要高超的航海技术。马绍尔的航海家们不仅了解星空，还了解风和洋流，并能理解当水的前进被岛屿阻断时波浪发生的变化。航海家们能感觉到水流的方向，并能确定要走的路线。作为一种辅助记忆，他们会制作区域性的柱状图，记录各个岛屿的位置和与之相关的浪潮运动。最近对柱状图和相关航海技术进行的一项科学研究表明，马绍尔人对海洋有着一种特殊的概念化方法，这种方法很难纳入科学框架之中。

岛屿：自然试验场所

将岛屿作为自然试验场所的做法在生物科学领域得到了充分应用。一个物种最初可能以多种方式到达一个岛屿——通过风暴吹入种子，通过风携带种子，种子和（或）动植物在水中漂浮到岛屿岸边，浮在原木或其他植被上，或者在海平面较低的冰期越过冰层或陆桥到达岛屿。这样的散播引入，可能会发生生态释放。如果有了新的机会，而且摆脱了原产地影响它们的捕食、竞争、寄生、致病等因素，植物可能会演化成不同的物种，这一过程称为物种形成。诺福克岛松就是这样一个例子，它是诺福克岛特有的树种，因为它外观独特现在被广泛种植在其他地区。物种形成也可能发生在地理分隔之后，当一个统一的物种因物理破坏而分离，分离的群体以不同的方式发展时，就会发生这种情况，这一过程被称为异地物种形成。

在一个岛屿上，动物的行为可能会发生改变，没有捕食者的孤立物种可能会失去防御机制。1672年一位到访阿森松岛的游客说："我不知道这些鸟是掉以轻心还是太莽撞了，它们飞得这么低，我用拐杖都能把它们打

诺福克岛上的诺福克岛松

死。"这种防御能力的缺乏，使得偏远岛屿上的特有哺乳动物或鸟类在面对人类威胁等新情况时毫无招架之力：直接一点的，比如荷兰水手追逐渡渡鸟；或间接一点的，比如老鼠沿着人类的脚步吃掉了渡渡鸟蛋。一项对41个太平洋岛屿的研究表明，三分之二的非雀形目陆禽（近1 000种）因狩猎和栖息地破坏而灭绝。

物种一旦在岛上定居，就可能不再受益于某些固有的物理特征，而这些特性可能会随着时间流逝而消失。例如，一些岛屿上的鸟类已经不会飞了。失去飞行能力可能是因为鸟类飞起来会被风吹离岛屿而致其坠海死亡，

新西兰大堡礁岛上的植被

4. 岛屿：试（实）验空间

或者因不再受到捕食者威胁而不需要飞行逃生了，在这种情况下，飞行只是在消耗能量而没有任何优势。新西兰不会飞的鸟包括塔哈克鸟、几维鸟和卡卡波鹦鹉，以及现在已经灭绝或可能灭绝的物种，如莫阿鸟、铁轨鸟等。在新西兰，莫阿鸟和卡卡波鹦鹉在森林中觅食，塔哈克鸟在草地上吃草，几维鸟和鹬鹩捕食昆虫。

一些岛屿物种趋向巨型化，也许是因为缺乏捕食者它们才发展出了较大的体型。毛里求斯命运多舛的渡渡鸟是由一种鸽子进化成的高约 1 米、重约 23 公斤的大鸟。莫阿鸟是目前已知第二重和最高的鸟类，这大概就是波利尼西亚人到来后将其视为珍贵的猎物大肆捕杀的原因吧。印度洋阿尔达布拉环礁和塞舌尔的巨龟是爬行动物中岛屿巨型化的一个典型例子。有几只生活在圣赫

圣赫勒拿岛上的巨龟

勒拿岛的巨龟，其中一只名叫乔纳森，它是 1882 年引进的三只巨龟中仅存的一只，当时它约 50 岁，因此可能成为世界上最古老的动物，也是少数拥有维基百科词条"乔纳森（乌龟）"的动物之一。

与巨型化相反的是，如果一个岛屿上的食物供应不足，一些物种可能会通过缩小体型来应对，如减少对食物和活动范围的需求，缩短繁殖周期。这就是岛屿侏儒症，也是所谓的"岛屿规则"的另一部分，即大型哺乳动物体型变小以减少资源需求。这一"规则"已经受到了挑战，但这并不意味着岛屿侏儒物种不存在。例如，地中海的克里特岛在更新世时期就有矮小的大象、河马和鹿。现存的岛屿侏儒物种还包括加利福尼亚海峡群岛上的一种狐狸。甚至有人认为，岛屿侏儒症影响了人类，2003 年在印度尼西亚的弗洛雷斯岛上，发现了 9 具弗洛雷斯矮人的遗骸标本。这些人可能一直存活到 1.2 万年前，无疑与智人是同时代的。一些科学家认为他们是俾格米人；另一些科学家则声称，他们是弗洛雷斯人。

1835 年，查尔斯·达尔文乘坐英国皇家海军"贝格尔"号航行期间，在科隆群岛待了五个星期，收集了各种有关鸟类的信息（尽管当时达尔文对地质学更感兴趣）。后来他才开始意识到，鸟类和乌龟因岛而异，这取决于不同环境提供的机会：

4. 岛屿：试（实）验空间

"科隆群岛的几个岛都有自己的龟、嘲鸫、雀类等有着相同的习性，占据着相似的位置，而且显然在这个群岛的自然经济中也占据着相同的位置，这让我感到十分惊奇。"

19世纪另一位研究岛屿的博物学家是阿尔弗雷德·罗素·华莱士。华莱士从1848年开始在南美洲进行研究，值得注意的是，他于1854年至1862年在马来群岛工作，此后他对今天的"华莱士线"进行了研究，该线被视为亚洲和大洋洲动物地理学的边界线。在亚洲期间，华莱士对进化论和自然选择有了深刻认识，这促使他写信给达尔文。为此1858年7月伦敦林奈学会还召开会议，宣读了他们的联合论文，但两人都没有参加这次会议。华莱士在《岛屿生活》一书中指出，有机形态分布和亲缘关系中一些引人注目和有趣的事实是由岛屿之间以及岛屿与周围大陆之间的关系呈现的。

后来的研究者在达尔文和华莱士的工作基础上发展了岛屿生物地理学理论，其中最著名的就是罗伯特·麦克阿瑟和爱德华·威尔逊在《岛屿生物地理学理论》中的研究。他们能够根据迁入率和灭绝率推测一个岛屿随着时间的推移存在的物种数量，而迁入率和灭绝率本身又取决于岛屿的位置（离大陆越近的岛屿越容易被殖民）和大小（较大的岛屿往往表现出更丰富的多样性）等因素。考虑到达尔文的思想，该理论允许孤立的物种遵循

爱尔兰的克莱尔岛

不同的进化路径。岛屿生物地理学理论现已应用于与岛屿类似的情况,包括孤立的湖泊、山脉(有时被称为"天空岛屿")、小片的森林,甚至是公园。

将岛屿作为实(试)验和分析场所的概念也应用于社会领域。爱尔兰皇家科学院在1909年至1911年进行的克莱尔岛调查是一个跨越自然科学和人文科学界限的岛屿项目。在罗伯特·劳埃德·普雷格的带领下,并考虑到达尔文和华莱士工作的核心问题,如进化和岛屿分散,100多名科学家出版了67卷书,详尽地介绍了克莱尔岛的动物学、植物学、考古学、古物学、农业、地名和地质学。这是有史以来最全面的调查,让位于爱尔兰西部克鲁湾湾口的孤立的克莱尔岛成了全球研究最深入的地区。选择克莱尔岛只是因为它是一个小岛、一个有边界的空间,便于进行所需的深度分析,这是岛屿作为实(试)验场所的又一个例子。关于克莱尔岛新的调查是由爱尔兰皇家科学院在 1990 年发起的,目的是评估第一次调查以来岛上的环境变化。这次的调查所涉及的学科更多了,因为考古学、历史和文化的加入,与原来的植物学、动物学和地质学一起成了此次调查的六大主题。

乌托邦与岛屿

岛屿作为独立之地也被用来打造乌托邦式的愿景(即如何更好地组织社会),这可以追溯到 1516 年托马斯·莫尔想象中的乌托邦岛。莫尔想象中的岛屿社会是一个福利国家,这里不存在私有制,居民家里的门都不用上锁。在这里,男人和女人从事相同的工作,没有性别之分,每个人都花时间从事农业劳动和贸易。这个社会鼓励所有人学习,并从学识渊博的人中选出领导者。但这并不意味着平等主义,因为这里是有奴隶的,虽然他们也可以获得自由。"乌托邦"在希腊语中的意思是"没有的地方",它是对当代欧洲社会的批判,而不是一个现实中可行的社区蓝图,但就目前看来,其意义在于它的背景设定,在于创造了一个完美社会。还有一些人也采用过这一主题,包括莎士比亚的《暴风雨》,有人认为这部作品是受到乔治·萨默斯爵士于 1609 年在百慕大遇难的影响。

莫尔和莎士比亚都是根据自己的想象来创作的,也许他们的作品应该在第五章占有一席之地,而不是在这一章,但他们为在岛屿上进行的乌托邦式的实验提供了一个框架,所以笔者将在本章中进行讨论。1816 年,英国人占领了没有常住人口的特里斯坦·达库尼亚群岛,为了不让美国人或法国人使用——拿破仑当时被囚禁在北面的圣赫勒拿岛。1817 年一艘海军单桅帆船在这里失事,造成 46 人死亡,让这场军事占领变得更加混乱。当年晚些时候,英国海军放弃了该岛,他们可能也觉得如

《圣赫勒拿岛拿破仑之墓》,1827 年,蚀刻版画

释重负吧,但其中一名海军陆战队队员威廉·格拉斯选择留在岛上。格拉斯和他来自苏格兰的家人以及其他加入他们的人一起成立了一家名为"Firm"的企业,这是一家无主的公司。这个乌托邦式的实验只持续了几年,因为一名成员携款潜逃、一艘船丢失而结束。小岛社区沿着不同的道路发展,但是紧急状况需要合作,历史上发生过的驾驭大划艇出岛迎接来访的船只就是一个例子,直到今天这种情况仍然存在。

特里斯坦·达库尼亚群岛的邻居圣赫勒拿岛是另一个被用作社会实验的岛屿,这一次是按照外部计划而不是内在需求进行的。自1659年英国东印度公司吞并圣赫勒拿岛并建立防御工事以来,人们曾试图在那建立一个乌托邦社会。英国东印度公司的计划是在英国饱受内战和瘟疫摧残("大瘟疫"于1665年到来,但早前就已经暴发过)的大背景下制定的。在这一时期,出现了许多理论和文学研究,例如詹姆士·哈林顿的著作《大洋国》,对奥利弗·克伦威尔统治下的英格兰进行批判,提出了建立更美好社会的方法。而为在这个无人居住的岛屿上定居提供了一个试验的机会。圣赫勒拿被规划为一个民主的、拥有土地的、纳税的社会,一个将为英国东印度公司带来荣誉、利润和效用的殖民地。圣赫勒拿岛第二任总督罗伯特·斯金格奉命成立了一个由六人组成的地方议会。其中两人由他任命,其余的则由平民选举产生。如果斯金格在任期内去世,则由自由民("种植园主")从这六人中选出一人担任总督。市场管理所不定期举行公众集会,即参事会。教堂执事和公路监督员的选举,每个农场(种植园)无论规模大小都有一票。此外,总督还接到指示,对从非洲大陆或佛得角群岛带到岛上的非洲人"不能太残忍"——尽管这些非洲人在岛上扮演着奴隶的角色,但人们并不称他们为"奴隶"。"当抓他们来岛时,不仅要抓健壮的和年轻的,而且要他们自愿且不受强迫地在船上生活。所有人都要生活在爱与和睦之中。"这座岛充当了社会实验室的角色。

在面对小岛的现实状况时,英国东印度公司董事们的乌托邦理想就破灭了。其中一个问题是种植园主的态度,无论他们的社会在理论上多么民主,他们并不能将集体的需求,或东印度公司的要求置于他们个人需求之上。早期的总督们也令人不满意——人们无法想象在那里供职的竟然是最有才华的人。1669年至1672年的总督

圣赫勒拿岛上约翰·达顿的牌匾

理查德·科尼似乎并不相信乌托邦式的理想生活,也没有按照指示向居民平均分配物品,最后因没有征求议会意见而被免职。人们还认为,如果岛上遭到攻击,他根本不会保卫自己的岛屿。1673年,科尼的继任者把圣赫勒拿岛输给了荷兰人。几个月后,英国海军重新占领了圣赫勒拿岛,而英国东印度公司向国王请愿,要求归还他们的岛屿。在重新建立定居点后,所有乌托邦主义的尝试都被放弃了,取而代之的是一个更加残酷的独裁政权,它遭到平民、士兵和奴隶的怨恨。1684年发生了叛乱,总督坐在堡垒内向外面的居民开火,杀死了几个平民。1693年,一名中士领导了一场兵变。士兵们谋杀了总督,抢走了英国东印度公司的宝箱,乘着他们用人质换来的船逃走了。1695年,一些人计划起义,因为其中一个人背叛(背叛者得到了烟草作为奖励)而其他人受到了惩罚(被残忍地处死)。

在其他岛屿上,"实验"远非乌托邦式的空想,而是为了主流群体的利益而试图改造社会。这种令人不寒而栗的改造发生在塔斯马尼亚岛。这里的原住民(帕拉瓦人)很多死于1803年后与欧洲早期接触而传染的疾病,但其他人是在"黑色屠杀"中被欧洲人杀害的。19世纪20年代,报纸上发起了清除岛上原住民的运动,并于1828年宣布了戒严令。根据戒严令,欧洲人定居地区的原住民如果反抗,就会被抓获或枪毙。1830年,英国总督乔治·亚瑟组织"黑线"(由1 000多名士兵和平民组成的队伍）横扫定居区，目的是将帕拉瓦人驱赶到一个半岛上，以便将他们控制。当时只有少数人被捕获，但到了 1833 年，剩下大约 200 名原住民，他们最终被带到欧洲人的"保护"之下。这是一种种族清洗，欧洲人把他们驱逐出去，并关押在离岸的弗林德斯岛，在那里他们的人数持续减少。幸存下来的几个人在 19 世纪 40 年代被转移到霍巴特附近，最后一个幸存的原住民楚格尼尼在 1876 年去世。后来，人们发现有一些帕拉瓦人在其他岛屿上幸存下来了，最后一位在 1905 年去世。现在只有一些混血的人带有帕拉瓦人的血统，而纯正的帕拉瓦人已经不复存在了。楚格尼尼的尸体被陈列在霍巴特博物馆，直到 1976 年才被火化。

尽管诸如此类的岛屿乌托邦式的实验失败了，但岛屿的特殊性质仍然吸引着这样的尝试活动。

《皇家海军夺回圣赫勒拿岛》，1673 年，水彩画

岛屿语言学与人类学

岛屿在人类的实际研究中占有重要的地位，作为试（实）验场所的岛屿在民族志、社会人类学和语言学中一直是一个值得关注的因素。一个有趣的岛屿语言故事是小笠原群岛的故事，这个群岛现在是日本的一部分。1830年之后，移民们来到这里，他们说着各种各样的语言，如夏威夷语、英语和葡萄牙语。19世纪末，日本吞并小笠原群岛时，又引入了日语，形成了"小笠原混合语"。1946年至1968年，美国占领了小笠原，因此小笠原又受到了美国的影响，后来美国又将该岛归还给了日本人。现在小笠原的年轻人大多是单语日本人，混合语已经废弃了。

另一个因语言发展而得到研究的岛屿是澳大利亚附近的诺福克岛。该岛的地理环境对其语言产生了影响，岛民的历史也对其语言产生了影响，特别是1856年在诺福克岛定居的皮特凯恩群岛岛民的后代们。包括捕鲸在内的经济活动也在该岛的语言中留下了印记。例如，"faesboet"是一个感叹词，用来引起人们对有趣事物的注意，它最初描述的是一条被鱼叉钩住的鲸鱼拖着捕鲸船前进的画面。一位学者在研究诺福克岛语言学时，特别提出将这个岛屿作为语言研究实验室的想法。正如生物学家不会通过培育熊猫或长颈鹿来研究生命形态的发展，语言学家也不会轻易地从大型的古老语言中归纳出一般性的原理。研究在小岛上短时间内发展起来的语言，可以更快地获得更可靠的见解。

都柏林剧作家约翰·米林顿·辛格曾于19世纪初在爱尔兰西海岸外的阿伦群岛待过一段时间，他评论说，岛上的大多数陌生人是"语文学学生"，这使人们得出了一个结论，语言学研究（特别是盖尔语研究）是外部世界的主要工作。作为来访者，乔治·皮特里在1822年说：

> "我听过很多关于阿伦岛人美德的谈论，说他们淳朴、心灵手巧和热情好客，这让我不禁怀疑如此赏心悦目和浪漫的画面是否真实存在，并急于通过亲自观察来确定它的真实程度。"

一份访问记录展现了当地人和外来者之间的鸿沟：

> "在阿伦群岛有一些奇怪的绅士，他们游历了三个岛屿，记录了所有教堂的数据，同时寻找古老的名字和著作，购买了很多旧币和大别针，我想他们应该是从英国来的。"

皮特里实际上来自都柏林，这一点意义重大，因为任何外来者都被视为外国人。访问结束后，皮特里得出

4. 岛屿：试（实）验空间

结论：

> "虽然阿伦群岛岛民不再是不熟悉犯罪的人……但他们以前的美德仍然存在，这说明对他们的描述即使有夸大的成分，也不过是只夸大了一点而已……撒谎和酗酒——这些（被认为）与爱尔兰人性格有关的恶习，至少没有在阿伦群岛岛民身上看到，幸好他们的共同贫困导致他们很难受到这两种恶习的诱惑。"

用"幸好"这个词似乎不太恰当，但也正好说明了外来者对岛民的傲慢态度。

一些早期的人类学家对阿伦群岛的研究特别深入，比如阿尔弗雷德·科尔特·哈登和他的同事查尔斯·布朗，他们在1891年试图查明岛上的居民是不是古代爱尔兰人。在仔细观察了岛上居民的头发和眼睛的颜色，以及利用"旅行者人体测量仪"、计算尺、钢制卷尺和颅骨测量仪对他们的身体进行测量后，发现情况并非如此，没有一个测量对象反对将仪器的插头插入他们的耳孔。哈登和布朗将获得的测量数据列成表格并加以详细说明，但后来的一位评论家指出，（这些数据）基本上没有意义……（这些）仔细记录的数字没有产生新的问题，更不用说得到答案了。相反，哈顿和布朗的结论有些主观。"总体上来说，这里的人都很漂亮"，这一评价肯定能让耳孔受到侵犯的岛民感到欣慰吧。文章中有岛民的照片，承诺给他们一份照片副本，通常是因为麻烦他们进行测量和拍照而给他们的回报。有一张是迈克尔·法赫蒂和两个女人的照片，但"法赫蒂拒绝接受测量，两个女人甚至不愿意把她们的名字告诉我们"，所以在采集数据的过程中也是会遇到一些阻力的。作家伊迪斯·萨默维尔和马丁·罗斯应该不会对此感到惊讶，因为他们几乎是在同一时间到访阿伦群岛。

一看到速写本，村里的街道就变成了一片"沙漠"，母亲们吐口唾沫来避免"眼睛坏掉"，并把孩子抱进屋里，关上了门。老妇人们从她们家门口的台阶上走开了，男孩们走到了岩石上。因为岛民们相信，凡是被"画了肖像"的人，都会在一年内死去。后来，更加成熟的岛屿民族志是通过文化人类学领域先驱（如勃洛尼斯拉夫·马林诺夫斯基和玛格丽特·米德）的努力产生的。马林诺夫斯基在第一次世界大战前就开始了他的工作，当时他还是英国的一名学生。战争爆发时，他正在对由澳大利亚控制的新几内亚进行实地考察。作为奥地利公民，尽管他出生在波兰，但仍不被允许返回欧洲。马林诺夫斯基的实地考察持续了数年，他研究了特罗布里恩群岛，这是他著作《西太平洋上的航海者》中所研究的地方。马林诺夫斯基还将其他关于岛屿社会的素材整理成书，特别是《西北美拉尼西亚的野蛮人性生活》。他参与式的观察方法（即研究者要在研究群体中担任一个角

4. 岛屿：试（实）验空间

色）被米德和其他人采用。

美国人玛格丽特·米德于1925年在太平洋岛屿开始了她的研究。她最重要的著作《萨摩亚人的成年》是通过对塔乌岛岛民，特别是一群9至20岁的年轻女子的参与式观察创作的。虽然米德的研究方法有待商榷，但不容置疑的是她在学科发展中的意义，以及她将岛民作为研究对象，体现了岛屿作为实验室的概念。米德寻找的是一个"原始"社会，书的副标题就是《为西方文明所作的年轻的原始人类的心理研究》。她在一个小岛上找到了"适当条件"，在那里她可以摆脱"（美国）社会的复杂性"，研究年轻女性的行为。米德其他有影响力的书籍也是基于她对岛屿，特别是新几内亚的研究而创作的。一位评论家写道，"米德不仅热衷于了解岛屿和岛民，而

1915年，勃洛尼斯拉夫·马林诺夫斯基和特罗布里恩群岛图瓦克瓦的资料提供者们

99

且还向他们学习,并引用了《萨摩亚人的成年》新版中的导言"。该导言称,米德去萨摩亚并不只是为了研究萨摩亚,而是想了解整个人类。

从塔乌岛、萨摩亚,到整个人类,正如本章所展示的,在各种学科和实践方面,岛屿作为试(实)验场所的概念无疑是强大的。地理学家大卫·罗温索写道,看似自成体系的微型世界,岛屿实则是培育想象力的温床。因此,想象一下他在1987年读到《泰晤士报》上的一个不经意的评论时,有多么气愤。这条评论说,在异国岛屿环境中进行有价值的研究这一设想太荒谬了。对此,罗温索这样回应,再见了,达尔文、华莱士、马林诺夫斯基和其他人。

5. 岛屿文学

岛屿激发了像查尔斯·达尔文、保罗·高更、约翰·米林顿·辛格、D. H. 劳伦斯和玛格丽特·米德这样的前卫思想家进行创新性工作的热情。他们对岛屿的使用方式不同,但类似的现象影响了他们对地点的选择以及事情的结果。

达尔文是科学家,米德是人类学家,高更是画家,而辛格和劳伦斯是作家。吉尔·弗兰克斯的评述将前卫的思想家(包括作家)与岛屿联系在一起,这让我们想到了岛屿文学,即由岛屿居民或岛屿访客所写,使用岛屿隐喻或以岛屿为背景的作品。还有一些作家为了逃避烦恼或改善身体状况来到岛上进而创作出的文学作品。文学中的岛屿主题可以追溯到古希腊和古罗马时期。比如圣布伦丹的故事,相传他可能到达过北美洲。

爱尔兰岛屿作品

让我们不要从文学种类开始,而是从一些岛屿开始,来探讨它们是如何激发当地人和外来人的文学灵感的。这些岛屿在庞大的爱尔兰岛海岸外形成了一个参差不齐的边缘。考虑到1841年爱尔兰饥荒及其引发了一个多世纪的岛屿衰败,这些岛屿的人加起来最多不超过3.7万人,我们就能知道爱尔兰群岛的文学作品数量之多、质量之高、范围之广有多么令人惊讶了。岛上的一些鼓舞人心的东西,促使岛民记录下来,也促使外来者来访并记录他们的印象,或者利用岛民的经历来激发他们在小说作品中的创造力。对此,可以找到两个主要原因。对于外来者来说,其中一个原因应该是异国情调。在19世纪,对于欧洲的旅行作家来说,爱尔兰本身既具有异国情调,又能合情合理的入境,比如威廉·梅克比斯·萨克雷和他的《爱尔兰小品集》。西海岸的岛屿被视为传统生活方式的堡垒,更具有异国情调,爱尔兰作家和外国作家对此都很感兴趣。影响本土作家的另一个现象是岛屿的衰落。有几位作家意识到了这种变化,并通过传记或小说记录了他们的生活方式,供后人借鉴。

  B.N.海德曼是一个被群岛的异国情调和浪漫主义吸引的外来者,她在20世纪初担任阿伦群岛的地区护士。她在回忆录中写道:

> "我听说过很多关于阿伦群岛岛民崇高品格和道德情操以及他们不拘小节的处事风格的故事,我觉得为他们工作是我的荣幸……他们将是我无声的指

导者、我的老师,而反过来他们也会非常感谢我为了帮助他们而做出的努力。"

海德曼发现,现实并不总是符合浪漫的期望,因为后来她记录道,"人类的退隐还有比这更荒凉的吗?……与文明隔绝……远离外界,远离社会,远离友谊"。她写到了泥土、绝望和自己的无聊,"这里给访客的总体印象一定是沉闷和荒凉"。她称伊尼什曼岛是三个岛屿中"最荒凉、最难以到达的","当地人的习惯和举止在海岸外几乎无人知晓,因为它没有吸引游客的地方"。然而,这种缺乏吸引力的情况对作家来说可能是一种诱惑,他们可能会认为,伊尼什曼岛仍然保留着所有令人愉快的原始纯洁。其中一位有这样想法的作家,是来自爱尔兰较发达的东海岸的约翰·米林顿·辛格。

威廉·巴特勒·叶芝曾建议辛格研究阿伦群岛,他在乌托邦小说《茵尼斯弗利岛》中也写下了一些岛屿文学中著名的诗句:

"我就要起身走了,到茵尼斯弗利岛,
造座小茅屋在那里,枝条编墙糊上泥;
我要养上一箱蜜蜂,种上九行豆角,
独住在蜂声嗡嗡的林间草地。"(飞白译)

1896年,辛格在巴黎见到叶芝,叶芝告诉他,在法国文学方面他不太可能有名。叶芝建议他"到阿伦群岛去。在那里生活，就像自己也是那里的人一样，表达一种从未表达过的生活"，尽管这些岛屿以前也吸引过作家。1898 年到 1902 年的夏天，辛格一直在阿伦群岛，"我住在伊尼什曼的一间小屋里，厨房通向我的房间，我能听到厨房里不断传出的盖尔语"。他就像文学界的马林诺夫斯基或米德一样，在参与观察中"与那三块潮湿岩石上的居民一起生活、工作和交谈"。辛格是在伊尼什曼成名的，护士海德曼记录他居住的村庄被称为"Blaithcliath"，以示其重要性，因为一个都柏林的学生曾经在那里住过（都柏林在爱尔兰语中是"Baile Átha Cliath"）。此外，辛格的小屋现在是一个博物馆。辛格认为《阿伦群岛》是他的第一部严肃文学作品，这本书是现实的——伊尼什曼岛的"生活可能是欧洲遗留下来的最原始的生活"——但也充满深情，他从岛上居民那里学到了很多东西。阿伦群岛诗人马丁·奥迪林将辛格的做法与其他对该岛历史而非对当地居民感兴趣的访客进行了对比：

"你的故事不是来自石头，
而是火边故事里的奇迹；
不关心石头牢房或旗帜——
死寂的土地上没有呻吟。"

辛格描绘了岛屿生活的艰苦，包括在这种艰苦生活

5. 岛屿文学

爱尔兰伊尼什曼岛上辛格的小屋

下所必需的合作型社会。邻居们会互相帮助为彼此的房子盖茅草,主人会提供一种用岛上土豆酿造的酒,因为邻里之间的互相帮助通常是不支付工钱的。移民的问题让他感到很烦恼,岛上的妇女们过着"难熬"的生活:她们眼看着自己的儿子长到一定年龄就被放逐,或者留在这里生活一直面对海上的危险,女儿也会离开;或者在年轻的时候就为孩子所累,长大后再轮到自己的孩子来烦扰她们。

在阿伦群岛生活期间,辛格学习了爱尔兰语,研究了民间传说和信仰。这些素材在辛格写的那些描述爱尔兰乡村生活的戏剧中都有所体现。《骑马下海的人》和《幽谷的阴影中》都是首次使用阿伦群岛的手工艺品作为道具演出的。

还有许多以爱尔兰岛屿为题材的戏剧，包括布莱恩·弗里尔的《温柔的岛屿》。剧中虚构的小岛是爱尔兰的缩影，饱受北爱尔兰问题之苦，不过现在看来，这部戏剧最有意义的地方是它对待移民和岛屿遗弃问题的处理方式。马丁·麦克唐纳出生于英国，具有爱尔兰血统，作品《伊尼什莫岛的上尉》和《伊尼什曼岛的瘸子》都以阿伦群岛为背景。前者是关于处理问题的；后者则是围绕1934年罗伯特·弗拉赫蒂的电影《阿伦人》拍摄而展开的，残疾人比利离开自己的家乡阿伦群岛前往好莱坞，试图获得电影中的一个角色。其中比利对伊尼什曼的思考，道出了岛屿生活的局限性：

"我试着想了一下，要是我真的留在了美国，我会想念家乡的什么东西呢？我会想念这儿的风景吗？还是想念石墙、小路、草地和大海？不，我一个都不想。我会想念这儿的食物吗？除了豌豆就是土豆，除了土豆就是豌豆？不，我一个都不想。我会想念这儿的人吗？……仔细想想，要是伊尼什曼岛明天就沉入海底，上面的人都被淹死了，我也不会特别想念谁。"

无论来岛的外来作者如何沉浸在岛屿文化中，他们的作品都缺乏真正的真实性。岛屿的声音需要被听到，正如伊尼什博芬岛岛民向拥挤地区委员会（该委员会在20世纪初重新确定了爱尔兰西部的土地所有权并改善了住房）的一位官员报告的那样："先生，你是不会理解我们的做事方法的。"更接近岛屿事实的可能是皮达尔·奥唐奈，他出生在大陆，但在阿兰莫尔岛任教。他在年老时出版了《骄傲岛》，书中探讨了当鲱鱼群迁徙、外来者买下土地时，他们的"禁止入侵"标志干扰了当地人对自己家园的使用，由此给这个虚构的岛屿带来的问题。岛上居民应该继续挣扎还是移民呢？这是许多现实中的爱尔兰岛屿居民所面临的抉择。奥唐奈的早期作品《岛民》构思于1923年，当时他在爱尔兰内战期间被囚禁，该作品也揭示了岛屿生活中的问题，包括有时人们在无情大海中的孤立无援。书中有一个场景将这个问题表现得尤为强烈——查理·杜根在一个暴风雨的夜晚从乘坐"curragh"（一种传统的小船）到大陆上去找医生：四个男子腰上缠着绳子，紧紧地拉着小船。岸上有一群人抓住绳子的另一端。

利亚姆·奥弗莱厄蒂是一位土生土长的岛屿作家。封闭的社会和贫瘠的环境为他的写作提供了素材。奥弗莱厄蒂年幼时就意识到宗教和土地对小岛社区的束缚，后来他将这些经历运用到了自己的写作中。为了接受教育，奥弗莱厄蒂在12岁时离开了小岛，虽然他从未被任命为神职人员，但他曾为了成为牧师而学习过。在第一次世界大战中，他以化名在英国陆军爱尔兰卫队服役，在一次战争中他受了伤。他当过司炉工、甲板工和伐木工人，还曾在好莱坞待过一段时间，他的书《告密者》就是在那里被他的表哥约翰·福特改编成了剧本。丰富的人生经历不可避免地影响了他，这些在书中得到了体现。该书以阿伦群岛（在书中化名为"Nara"）为背景，以奥弗莱厄蒂童年时期岛上的人物为原型，讲述了一名教师和一名牧师因价值观不同而进行斗争的故事。《邻居的妻子》是奥弗莱厄蒂对阿伦岛最真实的演绎，因为女主人公和她年轻的丈夫一起回到岛上，却遇到了她早年的爱人——现在是当地的牧师，所以这部作品也涉及更广泛的主题，如宗教、爱情、独身、冲突等。

奥弗莱厄蒂的作品融合了岛屿和外部影响。马丁·欧迪雷安的作品则不同。虽然他把阿伦群岛的全部生活理想化为"天堂"，有多愁善感的倾向，但这些诗句中的深切关怀和真实的岛屿之声是毋庸置疑的：

"我们的生活方式正在迅速消失，
　海浪不再是守卫岛屿的壁垒。"

显然岛民的传统生活方式正在逐渐消失，但一些岛民留下的文字记录了他们的生活方式，这样人们就能够通过文字理解（他们的）生活方式了。辛格是都柏林人，他父亲的家族拥有一座城堡，所以他可能会觉得岛

屿是"原始的",而另一位作家在描写家乡克利尔岛的贫穷困苦时,结合的是自己的亲身经历:

"没有人有第二双鞋子可穿,也没人有第二件衣服来遮盖他们骨瘦如柴的身体。他们没日没夜地努力劳作养家糊口,就连每天那一丁点儿的花销都要想尽各种办法才能维持。在那时,只有这片土地知道人们要活下去是多么艰难。"

难怪有那么多人要离开爱尔兰群岛。因此,移民是贯穿这些记载的一个主题。"为什么爱尔兰的父亲和母亲在痛苦和辛劳中养育孩子,却被贫穷的幽灵赶到异国他乡?"利亚姆的哥哥汤姆·奥弗莱厄蒂问道。他把自己1909年的移民经历写进了《所有的阿伦岛人》。特别写到了他离开前举行的聚会,这种聚会被称为"美国觉醒",因为大多数移民再也没有回去。

"人们唱着歌,跳着舞,喝着酒,不喝酒的人喝着茶。年轻的男孩和女孩在谈情说爱。对于我的父母、我和我的姐妹们来说,这是一个悲伤的夜晚。与其说我是听着轻快的手风琴,不如说是听着大海的低语。"

从西南海岸外的小岛大布拉斯基特岛移民的经历,

是爱尔兰本土岛屿文学中的经典。大布拉斯基特岛只有一个村庄，1911 年人口最多的时候，也只有 160 人，该岛于 1953 年被废弃。在这个岛上有三个人出版了爱尔兰语书籍。1929 年托马斯·奥克罗汉出版了自传、1933 年他的亲戚莫里斯·奥沙利文出版了自传，还有佩格·塞耶斯分别于 1936 年和 1939 年出版了书籍。还有其他书籍也为大布拉斯基特文库做出了贡献，但如果没有早期作家积攒下来的名气，这些书可能不会出版。要不是受到两位岛屿访客的鼓励，这些自传作者也就不会将自己的故事编写成书了。这两位访客像辛格一样，被这个讲爱尔兰语的小岛吸引。这两位访客一位是罗宾·弗洛尔，他翻译了奥克罗汉的自传；另一位是乔治·汤普森，他翻译了奥沙利文的自传。另一个影响岛民写作的因素是岛上的"seanchas（盖尔语口述的文学传统）"，它能够让故事保持活力。佩格·塞耶斯以善讲故事著称，她向爱尔兰民间文学委员会讲述了 375 个故事，并将她的故事口述给她的儿子。这些口述作者被描述为"来自农民社区，勉强维持生活""严格来说，只是有读写能力"，然而，他们的作品具有"荷马式的品质"。奥克罗汉描述了一个充满活力的社区，虽然生活压力很大，但人们仍在恶劣的环境中奋斗着。他描述了农耕、捕鱼以及与船只贸易的情况。岛民们割取泥炭作为燃料，并在海滩上收集材料。一大堆厚木板，大概是从大西洋上的一艘货船上掉下来的，又顺着潮水漂到了大布拉斯基

5. 岛屿文学

20 世纪 20 年代末，爱尔兰大布拉斯基特岛

特岛上，对岛民来说这是一份特别的礼物。岛民们自己建造房子——现在还能看到当年奥克罗汉建造的房子的废墟——就是爱尔兰作家、诺贝尔文学奖获得者谢默斯·希尼所描绘的那种：

> "我们已经准备好了：我们要建造低矮的房子，在岩石上凿墙，用好的石板盖屋顶。"

奥克罗汉的《岛民》一书中也有一些令人沮丧的片段。1890 年的一天，他的大儿子在悬崖上收集海鸥的巢穴时摔了下去。他的祖父驾驶着一艘捕龙虾的船，把尸体打捞了回来。整个岛屿社区都感受到了死亡带来的悲伤，因为"这个孩子都已经能帮家里干活了"，但是这位丧子的父亲选择坦然面对，他用了一个对海上岛屿世界来说很合适的说法："人死不能复生，活着的人还得继续生活啊，我们……必须拿起船桨，继续前进了"。奥克罗汉有意识地记录了这个岛屿的衰落，接受了"我们这样的人永远不会再出现"的事实。比他年轻一些的塞耶斯对此也有同感，她说，"我想这个岛上再也不会有像我这样的爱尔兰老太太了"。她一定是在去世前几年才从大布拉斯基特岛撤离的，当时岛上老旧的社区因移民而受到严重破坏，已经无力应对了。从岛上撤离的岛民通常移民到了美国，尤其是马萨诸塞州的斯普林菲尔德。在奥克罗汉的兄弟姐妹中，只有他在岛上，而塞耶斯的七个子女全都离开了。

佩格·塞耶斯是一位大陆女子，她原本想移民美国，但没能筹到足够的钱，于是在1892年与一位岛民结了婚。"在这个海洋中的小岛上，我是多么孤独啊"，一想到大布拉斯基特岛她就会有这样的想法，虽然她的丈夫是一个英俊潇洒的男人。后来丈夫去世，她连最后的慰藉也失去了，成了一个渐渐老去的寡妇，她绝望地想：

> "我的大半辈子都在大海中央这块孤寂的岩石上度过了。在这样的小岛上居住的人，生活中有很多艰辛。晚上只吃一点东西就上床睡觉了，听到麻雀

第一声啁啾就得起床,然后在这个世界上受苦受难,哪怕尽自己最大的努力去生活,到头来也只觉得自己的人生不值一提。"

佩格·塞耶斯也有一个儿子死于坠崖,"六个月后我的儿子帕德拉格扬起船帆,去了美国"。她的另一个儿子穆里斯,从来没有想过要离开家乡,但她告诉他,"对你来说,那里的生活或许不会更好,但也不会比在这块可怕的岩石上生活得更糟"。于是,他也同其他人一样,满怀悲伤地走上了这条路。他把父亲坟墓上的最后一块草皮翻好,就准备走了。"他离开的那一天将永远留在我的记忆中,因为没有什么比那天和穆里斯分别更让我心碎的了。"

莫里斯·奥沙利文的祖父为他描绘了人生的每个阶段:二十年成长,二十年盛放,二十年弯腰,二十年衰落。岛民的主要工作就是捕鱼,但当鱼越捕越少时,大布拉斯基特岛也就会日渐衰败了。岛上年轻有活力的男孩女孩终究会走出海岛,走到外面的世界去……

"那我们的父母老了以后怎么办呢?"

"我觉得他们要过着没有我们陪伴的生活。"

莫里斯·奥沙利文书中有一章描述了他姐姐的"美国觉醒"聚会。他们的父亲说:"以后没有人能埋葬这些老人了。"奥沙利文在他刚进入"盛放期"就离开了这里,不是去美国,而是去了都柏林,他在那里加入了卫队(警察）。1930年左右，他回到了大布拉斯基特岛。他的父亲和祖父仍坐在火炉边，同他在家时一样，但移民的到来给这里带来了很多变化。好几栋房子上了锁，由于没人整修，墙壁破败不堪了，最值得回忆的是，"沙丘上那些跳舞的男孩和女孩用脚踩出的大块红色斑块，现在却已经消失了"。

来自爱尔兰群岛和关于爱尔兰群岛的文学作品为与岛屿有关的作品提供了范例。这些以竞争、变化、孤立、压力、失落为主题的文学作品以及一些庆祝活动，或多或少地受到了影响——习惯把内容硬塞进岛屿的设定中去。

岛屿遗产

一些岛屿作家会探讨岛屿遗产问题。阿利斯泰尔·麦克劳德就是其中一个。麦克劳德并非土生土长的岛民，他出生在加拿大萨斯喀彻温省的草原上，10岁开始生活在新斯科舍省的布雷顿角岛上。他的小说在质量上弥补了数量上的不足，他出版的作品包括两部短篇小说集和一部长篇小说，都是经过精雕细琢的，写得很慢却很仔细，所以人们称他的文字是"凿"出来的，而不是写出来的。他的大部分作品是关于布雷顿角的文化变迁。从19世纪初开始，布雷顿角岛接纳了许多苏格兰移民，其中很多是讲盖尔语的岛民，他们是在苏格兰高地清洗运动中被迫离开苏格兰的。布雷顿角岛的与世隔绝使盖尔语一直作为第一语言延续到 20 世纪下半叶，至今仍有讲盖尔语的人。布雷顿角岛的煤矿和炼钢厂在经历了几十年的衰退和劳工骚乱后关闭了，这为麦克劳德的故事和他的小说《没什么大不了》提供了素材，不过这本书的背景更为宏大。也许麦克劳德最让人回味的故事是《曲近完美》。故事通过一位名叫阿奇博尔德的老人用盖尔语演唱歌曲的形式，向我们展示了布雷顿角岛苏格兰文化的衰落。这篇小说以一个关于盖尔语歌曲的电视节目为中心，该节目想邀请阿奇博尔德出演，因为节目制作人认为"民俗学家等都知道你，你能令人信服，这点非常重要"。然而，当阿奇博尔德将他的故事歌曲向制作人展示时，制作人却认为他的歌曲太长、太悲伤，甚至说："我真的不懂你们的语言，所以我们只是希望达到效果就行了。"

岛屿：文学作品的背景

一些岛屿文学是把岛屿作为一个次要的背景，例如三部关于岛屿监狱的作品。监狱设在岛上，对监狱来说或许意义重大，因为周围的水域形成了一道天然的屏障，但对故事本身来说也许意义不大。由亨利·沙里埃创作的《巴比龙》凸显了魔鬼岛上法国监狱殖民地的野蛮条件。虽然沙里埃称该书讲述了 20 世纪 30 年代作为囚犯的亲身经历，但其中一部分可能是来自作者的幻想，或至少是借鉴了他人的故事。另一名囚犯勒内·贝尔伯努

中国台湾兰屿上的森林

瓦也在《干燥的断头台》中写到了魔鬼岛。贝尔伯努瓦已经从监狱逃了出来，但他又自愿回去了，因为丛林里的条件比监狱里还要糟糕。另一本讲述可怕故事的岛屿监狱书籍是马库斯·克拉克的《无期徒刑》。这部小说讲述了19世纪二三十年代，澳大利亚早期殖民监狱生活的故事，以塔斯马尼亚岛亚瑟港罪犯流放地的恶劣环境为背景。

还有一些文学作品是把岛屿作为一个舞台来容纳并约束舞台上的演员们。对于这样的作品，读者就不要期望能从中体会到关于孤岛性质的深层次意义了。

悬疑小说家阿加莎·克里斯蒂也有一些这样的作品，比如她的《阳光下的罪恶》就以"走私者之岛"为背景，不过她也运用了火车、轮船，当然还有与世隔绝的乡间别墅来实现同样的目的。另一位以岛屿为舞台的作家是W.E.约翰斯上尉，尽管现在很少有人能读到他以英勇的特工比格尔斯为主角的冒险故事了。在《比格尔斯与失踪的百万富翁》中，比格尔斯和他的伙伴们发现自己身处（虚构的）巴哈马"桑蒂纳岛"。因为岛屿的孤立性需要多次运用飞机，而比格尔斯的设定恰好就是一个飞行员。书中人物是与世隔绝的，所以约翰斯不必再费心编造理由告诉读者为什么角色可以相互追击、开枪，而其他人却没有听到动静并报警。桑蒂纳岛同时也是一个藏匿武器的秘密地方和一个潜在入侵古巴的突击小队的藏身处。

另一位借助岛屿孤立性的著名作家是1983年诺贝尔文学奖得主威廉·戈尔丁。戈尔丁是一位来自英国康沃尔郡的教师，曾在第二次世界大战中目睹了位于斯海尔德河口的瓦尔切伦岛战役。《蝇王》是他的第一部小说，讲述了在一个无人居住的无名太平洋小岛上，一群在飞机失事中幸存下来的男孩很快摆脱了所学的社会规范，陷入了与生俱来的野蛮状态。据营救他们的皇家海军军官说，这是一场糟糕的表演，他们原本对这些英国男孩期待很高。在《蝇王》一书中，一些男孩与苏格兰作家R.M.巴兰坦《珊瑚岛》中的人物同名，《蝇王》是对《珊瑚岛》更黑暗、更现实的致敬，因为巴兰坦笔下的男孩们遭遇海难，来到了太平洋小岛上。在那个帝国扩张时期，他们对年轻读者来说是更有纪律、更负责任的榜样。

《鲁滨孙漂流记》式的船只遭难故事

《珊瑚岛》和《蝇王》是"Robinsonades（《鲁滨孙漂流记》式的船只遭难故事）"的典型例子，"Robinsonades"是将人物设定在与世隔绝的岛屿上的小说统称。

这类小说的主角一般是一个人（最常见的是一个单身男人）因船只失事而流落孤岛。面对岛上的种种危险情况（饥饿、孤独、疯狂、恶劣的天气、食人族、海盗和真实的或想象中的怪物），他不得不凭借（通常情况下）智慧和岛上的椰子存活下来。

"Robinsonades"是以最早的例子《鲁滨孙漂流记》（由丹尼尔·笛福于1719年出版）的主人公命名的。小说的主人公被困在一个荒岛上，与现实生活中的亚历山大·塞尔柯克的经历类似，据说这部小说就是根据他的经历写成的。在这个被视为具有殖民主义和男子气概的故事中，鲁滨孙利用这个岛屿，建立了自己的定居点，从食人族手中救出了星期五，并和星期五离开荒岛回到英国。

"Robinsonade"这个词最早是约翰·戈特弗里德·施纳贝尔在《费尔森堡岛》中使用的。在这部乌托邦小说中，孤岛漂流者结婚并建立了一个大家庭。到1800年，德国已经出版了128部"Robinsonades"作品。

19世纪的许多经典"Robinsonades"作品，如《珊瑚岛》就公开了很多有关殖民主义和（或）教育的信息。他们作品中的漂流者通常是负责任的榜样。一些作者还为儿童读者写了教诲性的文章，包括海军军官弗雷德里克·马里亚特，人们通常称他为马里亚特船长，这一称呼更加增强了他的权威。他在《舵手准备好了》中，对笛福的敬意是显而易见的。在开篇，"饱经风霜的老海员"赖迪被一个名叫威廉的男孩直接问到，他是否曾像鲁滨孙那样遭遇海难流落到一座荒岛上。船难即将来临，威廉的父亲西格雷夫先生以经典的鲁滨孙式的方式思考着：

"现在他们还能指望什么呢？他们最大的希望是

漂到某个岛屿。如果成功的话，那个岛也许是一个荒岛，也许是一个住着野人的岛——到那时，他们会被杀掉，或者因饥饿和口渴而悲惨地死去。"

最著名的鲁滨孙式小说应该是罗伯特·路易斯·史蒂文森的《金银岛》。当主人公年轻的吉姆·霍金斯发现了一张藏宝图后，他从乡村的一个旅店出发，在"埃斯班诺拉"号上做了一名小船员，被带到西印度群岛的骷髅岛或金银岛去寻找宝藏。吉姆面对过危险、死亡和背叛，尤其是遇到高个儿约翰·西尔弗。这是一个道德故事：恶人灭亡，好人多半得到了回报，改过自新的西尔弗在最后得以逃脱，即使地狱中的烈焰仍在等待着他。这个岛屿本身就是一个充斥着疾病、死亡、瘟疫和资源匮乏的可怕地方，远非伊甸园般的天堂。一个被放逐在那里三年的角色——可怜的本·冈恩，无疑因为这段经历而变得怪异，他做着拥有无尽奶酪的梦。就大众想象中的岛屿而言，史蒂文森这本书最具影响力的地方，不是它的情节，也不是它的道德观，更浅显地说，而是它的书名。"金银岛"这个名字让人感觉这个岛是一个完美的天堂，这个名字被岛上的旅游业从业人员广泛使用，而且带来了积极影响。史蒂文森并没有根据西尔弗的职业保留原来的书名《海上厨师》，这应该让岛上旅游行业的老板们感到欣慰吧。

许多鲁滨孙式小说是没有什么价值的冒险故事，但

也有一些著名作家写过这类小说,包括儒勒·凡尔纳、翁贝托·艾柯和特里·普拉切特。这种类型的文学创作仍在继续。亚历克斯·加兰的《海滩》是一部现代版的鲁滨孙式小说,后来被改编成了电影,由莱昂纳多·迪卡普里奥主演。

岛屿的隐义

一位评论家将"Robinsonades"称为岛屿故事或漂流者故事,是为了涵盖比《鲁滨孙漂流记》出现更早的岛屿文学作品。一个例子是威廉·莎士比亚的《暴风雨》,被认为是他最后的一部作品。《暴风雨》的灵感可能来自1609年的"海上冒险"号沉船事件,乔治·萨默斯爵士和他的部下登上了当时无人居住的百慕大。在莎士比亚虚构的地中海岛屿上,米兰的合法公爵普洛斯彼罗在被废黜后和他的女儿米兰达流落荒岛。岛上唯一不是精灵的原住民——奇丑无比的卡列班,教他们如何生存。虽然他有一次企图攻击米兰达后被奴役了,但卡列班受到了"人类的关怀"和教育。拥有魔法的普洛斯彼罗念了一个咒语,掀起了暴风雨(剧名也是以暴风雨命名的),使他诡诈的弟弟因沉船上了岛。在此之后,复杂的情节展开了,在观众掌声的魔力下,贤者们从"荒岛"放了出来。这个岛屿是一个充满自由和潜力的乌托邦空间,而该剧也可以认为是用岛屿来论述殖民主义。那时,英

《比格尔斯与失踪的百万富翁》插图

国早期的殖民地弗吉尼亚州詹姆斯敦刚刚建立起来——事实上，乔治·萨默斯爵士的船正在前往那里时撞上百慕大的。还有沃尔特·雷利爵士在罗阿诺克岛上失去的殖民地，是16世纪晚期一次判断失误的冒险。因此，《暴风雨》中的岛屿被视为美国的象征，或者至少是当时美国东海岸被殖民岛屿的象征。卡列班可以被视为这些岛屿上的原住民，或许受益于欧洲人的影响，但同时也与欧洲人的影响做斗争。然而，当其他人离开时，卡列班被独自留在岛上，这种情况在殖民地并不经常发生。

一个现代的例子是芭芭拉·霍奇森描写的极富想象力的《伊波利特的岛》。同名主角伊波利特·韦伯出发去重新发现奥罗拉群岛，这个曾经被认为存在于马尔维纳斯群岛和南乔治亚岛之间的岛屿，在埃德加·爱伦·坡早期的小说中也一直在寻找它。伊波利特"难忘的航行不仅带他穿越了陌生的海洋，还带他穿越了自己心灵的处女地"，读者可以在这本书的封底看到这句话。

比尔·霍尔姆虽然来自明尼苏达州，但他是一名岛屿作家。他在冰岛度过了很多个夏天，并且很乐于拥有一个表示岛屿的名字："叫我岛，或者叫我霍尔姆（'Holm'有小岛之意），都是一样的……"约翰·多恩曾说，"没有人是一座孤岛，但我就是"。在他的《怪异岛》中，霍尔姆把岛的意思发挥到了极致，有章节中把钢琴写成一座岛，还讲到他生病时如何被痛苦变成了一座岛。对霍尔姆来说，"岛"这个词可以代表任何孤立的东西，这与科学上使用概念性岛屿的方式不谋而合。

岛屿作为避难所

作家们还把岛屿作为避难所,在那里他们试图逃离日常世界的压力或对他们身体和精神健康具有威胁的东西。法国作家乔治·桑在 1838 年访问马略卡岛后写道:

"有谁未曾沉浸在这种自私的梦想中呢?在一个晴朗的早晨消失,抛开自己的私人事务、习惯、熟人甚至朋友,在某个迷人的岛屿上定居,过着没有烦恼、没有承诺,甚至是没有报纸的生活。"

这些作家并不像约翰·米林顿·辛格那样,为了研究一个岛屿而去旅行,相反,他们来到岛屿的主要原因是流亡或者与世隔离,尽管有些人后来真的迷恋上了自己的岛屿,也确实写了不少东西。一个著名的例子就是维克多·雨果,他在反对法国政府之后,于 1852 年逃到泽西岛,1855 年搬到根西岛,然后一直在那里待到 1870 年,虽然从 1859 年开始他就可以自由地回到法国了。雨果有很多重要的小说作品是在根西岛上写的,其中《海上劳工》就是以该岛为背景创作的。此外,他还编写了一本关于海峡群岛的旅游指南。亨利·华生·福勒是另一位流亡到根西岛的人,他以另一种方式对文学做出了贡献。1903 年，由于一场信仰危机，他辞去了英国圣公会学校的教师职务，搬到了根西岛。他在那里一直待到 1918 年。在此期间，他与他的兄弟一起编纂了第一部《简明牛津词典》，并开始编写《现代英语用法辞典》，该书于 1926 年首次出版，至今仍在印刷。

和维克多·雨果一样，罗伯特·路易斯·史蒂文森在岛上居住时也对当地的事情很感兴趣。史蒂文森身体虚弱，从小就患有肺病。1873 年他去法国疗养，1879 年差点死在美国。之后，他辗转于英国、法国和美国，寻找能够缓解症状的环境。1888 年，他第一次航行到波利尼西亚，在此期间，他写了《瓶中精灵》，虽然故事情节并不以岛屿为背景，却发生在太平洋上。该篇在 1893 年出版的一本集子中名为《海岛之夜娱乐记》，又名《南海故事》。1889 年，史蒂文森又进行了一次太平洋航行，并于 1890 年在萨摩亚的乌波卢岛买了一块地，他成了当地著名的"Tusitala（故事讲述者）"。他想念故乡苏格兰，但为了自己的健康，一直在太平洋岛屿上，直到 1894 年死于中风。尽管他在南太平洋上写的小说中并没有出现这些岛屿，但在作品《在南海》中观察了不同岛屿岛民的生活和政治情况，为当时处于殖民统治下的岛屿提供了自治的理由。从史蒂文森《历史的脚注：萨摩亚八年动乱》的副标题中可以看出，他还写了一些关于萨摩亚政治的材料，该书引起了大不列颠和德国之间外交上的不安。

罗伯特·路易斯·史蒂文森

罗伯特·格雷夫斯在马略卡岛上的房子

另一位著名的岛屿文学作家是英国诗人、小说家和翻译家罗伯特·格雷夫斯。格雷夫斯从 1929 年到去世,大部分时间是在马略卡岛的一个山村度过的,1936 年西班牙内战爆发后,他有 10 年没有待在岛上。格雷夫斯最初是和诗人劳拉·莱汀一起搬到马略卡岛的,为了劳拉,他离开了妻子和四个孩子,这显然像是一场逃亡。1946 年,他在战后的第一次民航飞行中回到马略卡,与另一个女人——他的第二任妻子贝里尔·霍奇(曾与一个文学合作者结过婚)一起。1985 年,格雷夫斯去世。后来他和劳拉·莱汀在 1932 年建造的房子成了一个博物馆。

格雷夫斯在 1965 年就马略卡岛撰写了令人难忘的文章,还翻译了乔治·桑德的《马略卡岛的冬天》。他在序

5. 岛屿文学

言中高度评价了马略卡岛。然而,在他的大部分作品中,马略卡岛并没有直接出现。相比之下,格雷夫斯的儿子威廉在他的《野橄榄》中对马略卡岛进行了大量的描写。该书从 1946 年飞往马略卡的航班开始写起。"(威廉的父亲)在座位上转过身来,为了让母亲也能看见。看,贝里尔,在那儿,那就是。"

与格雷夫斯、雨果和史蒂文森不同的是,乔治·奥威尔考虑到自己的健康状况,并没有参与他所写的岛屿事务,这确实是一个作家只是在寻求孤岛避难的例子。他居住的岛屿是苏格兰赫布里底群岛的朱拉岛。1946 年,奥威尔在那里住的房子是《观察家报》主编借给他的。1945 年,奥威尔在伦敦的房子被德国 V1 导弹摧毁,之后他的妻子也去世了。他欣然接受了阿斯特的提议,住

苏格兰朱拉岛的巴恩希尔

在朱拉岛北端的巴恩希尔，那是阿斯特在苏格兰庄园的一部分。

奥威尔为疾病和绝望所困扰，也为他的小说《动物农场》给他带来的名声所累。"每个人都来找我……你不知道我多么渴望摆脱这一切，才能重新有时间去思考。"在巴恩希尔，他可以不受束缚、自由地创作他的新一部小说《1984》。他那没有母亲的孩子由保姆照顾，他的姐姐负责打扫房间，但他的房间又冷又没有通电，这样清苦的环境更不利于奥威尔的身体，他被诊断患有肺结核。经过一种新型药物链霉素的治疗，奥威尔出院了，但他没有休养身体，而是回到了朱拉岛寒冷且与世隔绝的环境，完成了《1984》。1948年12月中旬，他如期交稿。任务完成后，奥威尔离开了朱拉岛，四处求医治病，但还是于1950年1月去世了，年仅46岁。

岛屿给作家们带来了很多灵感：从知道自己的岛屿正在消亡就想记录下来的大布拉斯基特岛自传作者，到访问岛屿以研究当地人或为自己的作品寻找灵感的作家，到那些把岛屿视为异国情调的人（如《鲁滨孙漂流记》的作家）再到使用岛屿象征意义的作家。最后，还有一些人像奥威尔所说的那样，寻求岛屿庇护"以便有时间重新思考"。这片土地太肥沃了。难怪会有这样的网站，旨在把世界各地伟大的文字和视觉艺术汇集在一起，为岛民和岛屿爱好者带来灵感。

6. 岛屿艺术

岛屿为电影制作人和其他媒体从业人员提供了与作家一样的机会——异国情调、与世隔绝、舞台和象征意义。许多岛屿故事和小说被成功地搬上了银幕，同时也有了表现岛屿风光的视觉艺术作品。

岛屿绘画

画家和摄影师被岛屿吸引的方式与其他创意艺术家相似，不过也许有一个另外。经风吹过岛屿，可以清除污染物，留下清新的空气和绚烂的阳光，给景观带来丰富的色彩。这里要推荐伊恩·斯特兰奇和乔治娜·斯特兰奇在家乡马尔维纳斯群岛上创作的作品《氛围》，表现了光线的特质。还有一些摄影师到岛屿旅行，比如比利时摄影师努坦，就被这种特殊的光线吸引，于 2005 年出版了一本出色的岛屿摄影集——《爱尔兰群岛》。

与岛屿联系最紧密的画家是法国艺术家保罗·高更，他在太平洋地区寻求庇护的方式与作家罗伯特·路易

岛 屿

歌川广重,《筑田岛的第一只杜鹃》,约 1831 年,木版画

J. M. 布斯,《新西兰山羊岛》,19 世纪 30 年代,明胶银版画

斯·史蒂文森相似。高更的婚姻结束后，他先是在马提尼克岛寻求岛屿庇护，但在1891年又前往法属波利尼西亚的塔希提岛，以逃离欧洲生活的惯例。他写了一篇关于这次旅行的文章，并在1895年返回太平洋地区：

"我做出了一个不可改变的决定——去波利尼西亚并永远生活在那里。那样我就可以在平静和自由中结束我的生命，不用去想明天，也不用永远和白痴做斗争。"

高更确实在那里度过了他的一生，享年54岁。高更的作品永远与波利尼西亚联系在一起，尤其是他画的头发上插着花的女性肖像画，不过他也画过塔希提岛的风景。和史蒂文森一样，他也涉足岛上的政治事务，支持人们反对法国殖民统治的斗争。

岛上的居民也开始了自己的艺术创作。加拿大作家玛格丽特·阿特伍德对此进行了戏仿，她笔下虚构的岛民正在努力寻找经济角色：

"在绝望的时候，我们求助于艺术家。毫无疑问，我们有足够多的苦难来帮助艺术创作。从童年和之后的痛苦中，从贫困中，艺术家们将创作出艺术作品。"

保罗·高更,《众神之日》,1894 年,帆布油画

在现实世界中,情况有所不同。英国肖像画家德里克·希尔在 20 世纪 50 年代初来到爱尔兰完成一项委托,随后在多尼戈尔郡购买了房产。他每年都要到该郡北部海岸托里岛的一个偏僻小屋里进行绘画创作。20 世纪 50 年代中期,一位名叫詹姆斯·迪克森的岛民观察了希尔在托里岛村庄的工作情况,并表示这个工作他也可以做。希尔给了他颜料,迪克森用驴尾巴上的毛做了把刷子就开始了创作。希尔对迪克森的作品印象深刻,并鼓励他继续作画。托里岛原始艺术画派就这样诞生了。"原始"说明艺术家未受过专业培训,主要用于描绘岛屿风

景。迪克森名声大噪，画派一些后来者也颇受好评，如安东·米南和派西·丹·罗杰斯，后者是受人尊敬的托里岛国王。现在，人们还会来到托里岛，参与与艺术有关的岛屿文化活动，如传统音乐节等。

岛屿音乐

古典音乐中也有以岛屿为主题的，费利克斯·门德尔松的序曲《赫布里底群岛序曲》（俗称《芬格尔山洞序曲》）就是一个著名的例子。这首曲子是门德尔松在1829年参观斯塔法岛的洞穴后创作的。谢尔盖·拉赫玛尼诺夫的灵感则来自瑞士艺术家阿诺德·博克林在19世纪80年代创作画作《死亡岛》。拉赫玛尼诺夫在1909年创作的悲歌也叫《死亡岛》，就是根据这个意象中产生的。克劳德·德彪西创作了一首以岛屿为主题的钢琴曲《欢乐岛》。这首作品的灵感来自对泽西岛的印象，就像拉赫玛尼诺夫的岛屿作品一样，它也是对安托万·华特的画作《乘船赴西德尔岛》的回应。

激发音乐家灵感的不仅有岛屿绘画，还有歌剧。2011年杰里米·萨姆斯根据莎士比亚的岛屿剧《暴风雨》和《仲夏夜之梦》改编了一部以岛屿为主题的模仿歌剧——《魔幻岛》，它以韩德尔和维瓦尔第的巴洛克音乐为特色。

其他类型的音乐也与岛屿有关，甚至摇滚乐也是如此。正如丹尼尔·马扎纳和其他人在2012年发表的一篇

6. 岛屿艺术

阿诺德·勃克林，《死亡岛》，1886 年，帆布油画

文章研究了摇滚歌词中岛屿的使用形式和社会表现。这些歌词中提到岛屿可能只是一个简单的引用，能引起听者的反响，就像 1962 年海滩男孩的"今年我们就去这个岛屿旅行"一样隐含着享乐主义。

还有一些歌曲更集中地以岛屿为主题，如西蒙和加芬克尔的歌曲 I Am a Rock（《我是一块岩石》）中对孤独的隐喻，"I am a rock（我是一块岩石）"这句歌词后面就是"I am an island（我是一座岛屿）"。其他的岛屿主题也出现在摇滚歌词中，有些在本书中也提到过，比如脆弱、异国情调、逃离、孤独，当然，还有天堂。作者们指出，来自岛屿的音乐在社会和政治上具有重要意义。作者在文章的最后提到了其他以岛屿为特色的艺术形式，如文学。在最近一本关于岛屿歌曲的书中，作者赞扬了由岛民创作的音乐，而不是由岛屿激发灵感的音乐家创

派西·丹·罗杰斯在爱尔兰托里岛画廊，他身后挂着德里克·希尔的肖像画

作的音乐，因为这种文化元素表达了与岛屿相关的强烈地方感。

岛屿也是电台的特色节目。广播剧和读物朗诵偶尔也会有岛屿主题，无论是新作品还是对经典作品的改编。电台还播出了一个与岛屿有关的电视节目，即英国广播公司第四台的节目《荒岛唱片》。这个节目是自由广播主持人罗伊·普洛姆利在1941年策划的，并于1942年1月首次播出。《荒岛唱片》是当时世界上播出时间最长的实况广播节目，也是所有广播节目中播出时间第三长的节目，尽管如此，这个节目也只有四名主持人。罗伊·普洛姆利担任主持人长达43年，直到1985年去世。他写了一本关于这个节目的书。1951年，《荒岛光盘》时隔5年重回广播，基本形式几乎没有变化。《荒岛光盘》在埃里克·科茨的音乐《在沉睡的湖边》中开场，正如一篇文章所说的那样，"就像是把听众带到了热带岛屿一样"，同时指出节目的灵感来自博格诺里吉斯。节目中，每周都会有一位名人嘉宾，也就是"漂流者"出场，他可能是重量级的政治家，也可能是当红的音乐家。邀请嘉宾的范围很广，在撰写本书时，有近3 000名"漂流者"参加了节目，他们大概也意识到了参加这个节目给他们带来的荣誉。"漂流者"被告知他们将被困在一个荒岛上，但可以随身携带8张"光盘"。事实上，《荒岛光盘》可以追溯到这样一个年代——"漂流者"们都认为他们有取之不尽用之不竭的针头来制作他们的发条留声机。节目中会播放所选音乐的节选,并对"漂流者"们进行选择采访,讨论他们的生活和作品,这种讨论有时更有冲击力。"漂流者"最常选择的音乐是贝多芬的《第九交响曲》,但莫扎特一直是呼声最高的作曲家。在节目的最后,出现了1951年的两项创新:"漂流者"们要选择一本书,还要选择一件奢侈品,即缓解他们寂寞情绪的东西。乐器一般会被当作奢侈品而被选择,他们也会选择笔、纸和食物。据该节目网站介绍,有109个人选择的是食物。美国脱口秀节目主持人杰瑞·斯普林格希望能制作奶酪汉堡,还有很多人选择了巧克力或三文鱼。探险家威弗瑞·塞西格想要酸味糖果,88位"漂流者"想要洗个澡,两位"漂流者"想要得到珠宝,还有11位"漂流者"想要一面镜子。喜剧二人组莫克姆和怀斯于1966年被抛弃在荒岛上。埃里克·莫克姆选择了一把躺椅,他的搭档厄尼·怀斯则询问他是否可以选择一台折叠式售票机。

他们会建造房屋吗?他们能制作食物吗?他们会试着逃跑吗?

"荒岛光盘"一直受到学术界的关注。最近的一篇文章在研究这个节目:

> "能教给我们关于职业生涯的表现维度,并批判性地评估在研究中使用有关流行文化公开数据集的优势和劣势。"

这可能是该节目意义重大的原因之一，但其长久的吸引力很大程度上在于它是一个"漂流者"的幻想，一个无线电形式的鲁滨孙式的故事。

视觉化的鲁滨孙式的故事

许多《鲁滨孙漂流记》式电影是根据书籍改编的，一些已经被改编了不止一次。其中，《金银岛》已经被改编成 50 多部电影。最早的一部是 1918 年由切斯特·富兰克林和西德尼·富兰克林导演的默片，现在已经失传了。第一部有声版本制作于 1934 年，由杰基·库珀和华莱士·比瑞主演，有法语、德语、意大利语、立陶宛语和俄语版本。《金银岛》的故事也被迪士尼改编，拍摄时由动物来扮演部分角色，并以外太空为背景。除库珀和贝里外，还有一些著名演员参与其中。奥森·威尔斯在 1972 年扮演高个子约翰·西尔弗；杰克·帕兰斯在 1999 年也扮演了这个角色，这是他人生中的最后一个角色。1996 年，出现了一个以布偶为特色的音乐剧版本，其中本·冈恩饰演布偶猪小姐皮吉。自 1955 年以来，电视版本已经在澳大利亚、德国、日本、苏联和英国播出，有些是直接调整了演员，有些则是改编成动画或有特色的动物剧。该书还被改编为广播剧、舞台剧和哑剧。简而言之，罗伯特·路易斯·史蒂文森的《金银岛》因动作、冒险、鲜明的人物形象和在异国情调的秘密岛屿上埋藏

1934 年，电影《金银岛》海报

宝藏的普遍吸引力而著名，也让这个终极冒险故事通过许多不同的形式给一代又一代的观众带来了快乐。

1963年，英国戏剧导演彼得·布鲁克将《蝇王》改编为电影。这部电影是在波多黎各和它的近海岛屿别克斯岛拍摄的，一些镜头是导演向男孩们解释了动作之后他们即兴创作的。这部电影取得了巨大成功，不像1990年由美国电影导演哈里·胡克执导的版本，后者部分场景是在牙买加和夏威夷拍摄的，因为编剧对这部电影不满意，所以他采用了假名。第三个版本于1975年在菲律宾拍摄，并且是根据当地观众的喜好改编的，这个版本的被困儿童是由一群年轻的菲律宾运动员出演的。最近一些小说也有被改编成电影的，包括由亚历克斯·嘉兰的小说《海滩》改编的同名电影，由莱昂纳多·迪卡普里奥主演（导演丹尼·鲍尔），该片拍摄于泰国皮皮岛。

电影公司也准备了自己原创的版本。其中近年来最显著的要数由汤姆·汉克斯主演的《荒岛余生》（导演罗伯特·泽米吉斯）。汉克斯饰演的查克·诺兰德是联邦快递的系统分析师，他的飞机在太平洋上空坠毁，他被冲到了一个无人居住的小岛上。影片是在斐济的一个小岛上拍摄的。电影的第一部分讲述了查克试图逃生未果，以及如何笨拙地照顾自己，还有他与小岛的威尔逊公司制造的排球（也叫威尔逊）之间的关系——查克将排球视为自己的同伴。这既让查克缓解了孤独情绪，也为他提供了对话的机会，即使这些对话完全是单方面的。然后电影就停止拍摄了。在查克·诺兰德的虚构生活中有四年的空窗期，而在汤姆·汉克斯的真实生活中只有一年的时间。他利用这段时间减掉了不少体重，重新出现时，他变成了一个瘦弱的、留着胡子的、能干的、能使用鱼叉的漂流者，他学会了叉鱼和其他生存所需的技能。查克后来收集了足够多的材料造了一个筏子。在一个令人悲伤的场景中，一场风暴把他冲到了海里。查克获救后回到家里，但他之前已经被宣布死亡，所以他的伴侣已经再婚了。然而，影片最后暗示了新的生活，可能还会有新的罗曼史在等着他。汤姆·汉克斯既是查克·诺兰德，也是鲁滨孙·克鲁索，更是亚历山大·塞尔柯克：现实、文学和电影相互交织，共同编织了这个银幕版的荒岛漂流者的奇幻故事，这种故事的根源可以追溯到几个世纪前。

电视剧中也出现了大量《鲁滨孙漂流记》式的情节。一个早期的例子是《格里甘岛》，这是一部联美电影公司出品的情景喜剧，讲述了七个人遭遇海难被困在一个无人居住的太平洋岛屿上，这个岛在夏威夷的无线电范围内，他们试图逃离，但由于格里甘的无能而不可避免地失败了。最后在1978年制作的《格里甘救援》中，他们才最终实现了逃生。这类电视剧最典型的就是美国广播公司出品的《迷失》，这部剧明显根植于《蝇王》《荒岛余生》和其他以岛屿为主题的电影。不出所料，这部剧

《荒岛余生》剧照，查克·诺兰德在和威尔逊说话

里的演员大多长得很好看，因为这是一部很受欢迎的剧，他们在剧中饰演南太平洋岛屿上空坠机的幸存者，电视剧的拍摄主要在夏威夷的瓦胡岛进行。剧情主要围绕幸存者之间的关系展开（有时会使用倒叙），岛上的居民被称为"其他人"。岛上有一个古老的装置，可以在空间和时间上移动岛屿。"迷失"系列的忠实粉丝们与明星和作家们互动，试图揭开谜团。尽管剧中太平洋上北极熊的出现让人诧异，但在奇幻岛屿的奇异世界里，这些都是被允许的。在《迷失》中的岛屿上，一切现实——从社会规范到物理定律——都可以不受拘束，就像他们在小人国（小说《格列佛游记》中的假想国）一样。《迷失》获得了 2006 年金球奖的最佳剧情片奖。

其他的电视节目也使用《鲁滨孙漂流记》式的概念，有点"真人秀"的意思。《幸存者》是1992年发展起来的一个电视真人秀节目，已被世界各国改编使用。在一系列比赛中，通常有16名参赛者被遗弃在热带地区的岛屿上，他们只能靠有限的工具和道具生存。他们被分成不同的团体或"部落"，并接受各种各样的挑战。每周都要进行投票淘汰一些人，直到有一个人胜出为止。2000年美国版《幸存者》播出后，这种类型的节目通常都叫这个名字，但其实这个节目在1997年于瑞典播出时的名字是《鲁滨孙探险》，它在《鲁滨孙漂流记》式的家族也得到了认可。2005年《幸存者：帕劳群岛》播出。节目的军事化风格与它的拍摄地相当不协调——"部落"入侵海滩，互相争夺，并追悼被选为"阵亡战友"的参赛者，因为帕劳是1944年贝里琉岛战役的发生地，在这场战役中，数以万计的人被杀害。战争的残骸成了这场麻木不仁的娱乐活动的背景。

其他的岛屿《鲁滨孙漂流记》式的电视真人秀节目还有《海难》，该节目于2000年至2001年在英国第四频道播出。这个节目前两季在库克群岛拍摄，第三季在斐济拍摄。然而，当这个节目在2006—2009年再次播出时，已经被改编成了《幸存者》的模式。现在的名字叫作《海难：群岛之战》。节目中，来自不同岛屿（还是在库克群岛）的队伍互相争夺奖品。

有一个电视岛屿真人秀系列节目采用了不同的方式。

这就是 BBC 出品的荒岛余生。节目中，36 人并不是被安置在一个热带岛屿上，而是被安置在西部群岛区的塔伦赛岛，这是苏格兰最大的无常住人口的岛屿。这部片子没有《幸存者》那么可控，因为演员是从 4 000 名志愿者中选出来的，他们并不是接受人为设定的挑战，而是在岛屿上待一年，完成他们的任务，即开始发展一个可持续的、自给自足的社区。镜头背后没有带着后备物资和医疗团队的工作人员，这些"漂流者"们都是自己拍摄的。他们之间也不存在竞争，这就是一个具有实际意义的社会测试，设置在一个小且寒冷的岛屿上以提供必要的边界和隔离。因为拍摄期间"漂流者"之间发生了争执，所以一些人放弃了拍摄，但有 29 人留在了岛上，到年底时，岛上已经有了大量的基础设施，这个测试很有启发意义。为"漂流者"们提供的住所"舱"已被拆除，但岛上一个废弃村庄的三栋建筑，在系列节目中得到修复，被重新用作度假小屋。塔伦赛岛"漂流者"本·福格尔后来成了英国广播公司的节目（通常是户外主题）主持人。他还参加过耐力运动和探险活动。福格尔写了一些关于岛屿的畅销书——《茶点群岛》和《离岸》。《离岸》的封面照片上，福格尔看起来好像晕船了，在他的身后就是罗科尔岛，他的登陆计划因天气原因而受阻。在这本书中，福格尔透露，由于对孤独和逃避现实的渴望，他痴迷于拥有一座属于自己的岛屿。2007 年,《荒岛余生》的拍摄被重启，但这次是在一个更具异国情调

本·福格尔在苏格兰塔伦赛岛

的地方,即新西兰奥克兰附近的大堡礁岛。这次重启完全抛弃了社会测试的性质,而采用了投票淘汰"漂流者"(现在叫作参赛者)的廉价戏码,就像非本土版的"真人秀"节目《老大哥》和《幸存者》一样。

岛屿电影

电影和书籍一样,对岛屿的运用方式也是多种多样。其中一部利用岛屿作为避难所的电影是《逃出克隆岛》,讲述的是一个科幻故事。一群人认为,除一座岛屿外,世界已经被污染得不适合人类生活了。他们住在一个环境受到保护的社区里,并认为每周抽签中奖的社区成员都会被带到这个岛上，过上不受限制的生活。然而，有一天，这些人发现自己是克隆人，抽到的"中奖者"是被用来摘取器官的。由伊万·麦格雷戈扮演的男主角逃过一劫，经历一系列危险事件后，他带领同伴们回到了仍然适宜居住的现实世界。《逃出克隆岛》并非严肃戏剧，但在这里值得肯定的是，它把岛屿作为独立的地方和避难所的概念结合在了一起。

类似的还有把岛屿作为监狱的电影。由达斯汀·霍夫曼和史蒂夫·麦奎因主演的《巴比龙》（导演富兰克林·沙夫纳），是根据亨利·沙里埃的书改编的，书中讲述了他作为一名法国罪犯在魔鬼岛的经历。由于这部电影的拍摄地点在牙买加、美国夏威夷、英国和西班牙，因此并没有对魔鬼岛本身进行进一步阐释。《逃出亚卡拉》（导演唐·希格尔）是一部关于岛屿监狱的电影，在真实性方面要比《巴比龙》好得多。这部电影根据真实故事改编，讲述了从旧金山湾恶魔岛的美国联邦监狱越狱的三个人的经历：弗兰克·莫里斯（克林特·伊斯特伍德饰）、约翰·安格林和克拉伦斯·安格林兄弟。1962年，他们以勺子为工具，通过通风井从牢房里挖出了隧道。三个人离开床铺，留下用理发店的头发和衣服装饰的纸头，从牢房爬进一个通风管道。他们爬到了岸边，由于后来在那里再没有发现他们，因此猜测他们是用橡胶雨衣制成的漂浮装置离开了恶魔岛。虽然在附近的天使岛岸边发现了一些可能属于这些人的物品，如雨衣的碎片，但没有发现尸体。电影中逃跑的情节反映了现实，包括不确定的结局，而且电影本身就是在恶魔岛拍摄的。拍摄这部电影时，监狱已经关闭15年了，公司不得不投资约50万美元修复建筑物，并从旧金山输送电线。

《阿尔卡特兹的养鸟人》（导演约翰·弗兰克海默）改编自罗伯特·斯特劳德的真实故事，影片中由伯特·兰卡斯特饰演这一角色。斯特劳德是一位热衷于养鸟的鸟类学家，他确实被关在恶魔岛，但并未被允许在那里养鸟，而是在转移到利文沃思的联邦监狱后才被准许养鸟的，影片中的大部分情节也发生在利文沃思。所以也许这部电影根本就不应该被归为恶魔岛电影。而肖恩·康纳利和尼古拉斯·凯奇主演的《勇闯夺命岛》（导演迈克尔·贝）就不是这样的。这是一部虚构的冒险电影，讲述了参观监狱岛的游客被劫持为人质，政府在一名越狱男子的帮助下营救人质的故事。

像《逃出亚卡拉》这种根据现实生活改编的岛屿动作片，还包括关于第二次世界大战美日之间争夺日本硫黄岛的电影。这场战斗发生在1945年2月19日至3月26日。美国人需要该岛作为飞机向日本投掷原子弹的紧急降落点。《父辈的旗帜》（导演克林特·伊斯特伍德）展示了这场战争中美国方面的行动。影片引用了战争中美国军人在苏利班奇峰上升起美国国旗的著名照片。这部讲述这些军人回归平民生活的电影，既没有获得评论界的好评,也没有获得票房上的成功。这部电影的姊妹篇《硫黄岛家书》(同样由伊斯特伍德执导)以日本守军为背景,讲述了他们的故事,年轻的二等兵西乡升是影片的中心人物之一,他在生活中本来是一名面包师,后来被强行入伍,入伍前曾向怀孕的妻子承诺他一定会回来。影片中的对白最初是用日语配上字幕的,但后来被译成英语以供美国发行。这部电影让人想起了日本军国主义的徒劳无益、战争的野蛮和士兵的悲惨生活。西乡升(二宫和也)饰演在战争中也从未失去希望。事实上,观众在影片中最后一次看到他时,他是一个躺在担架上的囚犯,因为他还活着,观众认为他应该会回到他的妻子和孩子身边。现实生活中的西乡升是硫黄岛 22 000 名日本士兵中活下来的 216 人之一。也有近 7 000 名美国士兵在这场战争中死亡。影片在硫黄岛上的一些拍摄工作得到了特别许可。

另一个被大量拍摄的岛屿故事与 1789 年的"邦蒂"号兵变有关。这艘船正在前往塔希提岛运送供黑奴食用的面包果,这时,船长威廉·布莱遭遇大副弗莱彻·克里斯蒂安领导的一场叛乱。布莱和 18 名忠于他的水手被置于舢板中,然后投入海中。布莱只带了一个象限仪和一个指南针,但是他的航海技术非常出色,他从兵变发生地汤加附近出发,绕过了更近的岛屿,以避免岛上的敌对居民,前往东帝汶。布莱记录下了这场兵变和他史诗般的航行,他的"不法行为"最终被判无罪,后来成了新南威尔士州州长和海军上将。与此同时，克里斯蒂安和他的追随者未能在塔希提岛立足之后，乘着"邦蒂"号离开了塔希提岛，后来在皮特凯恩岛登陆。在皮特凯恩岛，"邦蒂"号被大火烧毁，人们不得不留下来。彼时皮特凯恩岛的位置还不是很准确，所以叛乱者有机会继续逍遥法外。其实除两名兵变者外，其他兵变者都在早年的暴力事件中丧生了，尽管有一种传说是克里斯蒂安逃到了英国。剩下的这两名兵变者的其中一人自然死亡，另一人是亚历山大·史密斯，他的真名是约翰·亚当斯。他们与世隔绝了近20年，直到1808年美国海豹突击队的一位队员与皮特凯恩岛取得联系。亚当斯后来被赦免，获准留在皮特凯恩岛。事实证明，这样的冒险故事对电影制作者来说是不可抗拒的，对作家查尔斯·诺德霍夫和詹姆斯·霍尔也是如此，他们的《叛舰喋血记》三部曲成了一些电影展开的基础。目前已经出现了五个银幕版本，其中第一个是澳大利亚/新西兰的默片（导演雷蒙德·朗福德），现已失传。弗莱彻·克里斯蒂安的形象并不为人熟知，但是电影史上最帅气的男人都曾饰演过他。年轻的埃罗尔·弗林得到的第一个角色就是在《慷慨的觉醒》（导演查尔斯·肖维尔）中饰演克里斯蒂安。这部片子曾被视为关于皮特凯恩岛的纪录片。《叛舰喋血记》（导演弗兰克·洛伊德），由克拉克·盖博饰演克里斯蒂安，查尔斯·劳顿饰演布莱。尽管其中不乏一些历史错误，尤其是将布莱刻画成一个残暴的人，但票房仍取得了巨大成功。后来的一部《叛舰喋血记》(导演刘易斯·迈尔斯通）由马龙·白兰度饰演克里斯蒂安,特雷弗·霍华德饰演布莱。这部电影因马龙·白兰度的行为给影片带来的麻烦和对故事的随意处理而闻名：影片结尾时,克里斯蒂安在"邦蒂"号被烧毁的过程中死去,因为他想把"邦蒂"号运回英国,作为指控布莱的证据。另一部《叛舰喋血记》(导演罗杰·唐纳森）由梅尔·吉布森饰演克里斯蒂安,安东尼·霍普金斯饰演布莱。这部电影比其他电影描述得更为准确,影片中,布莱虽然严格,但并没有被刻画成一个残暴的人,这次叛变与船员们渴望回到塔希提岛的享乐主义有关,而不是因为试图逃离布莱的权威。在皮特凯恩岛拍摄几乎不现实（尽管肖维尔曾去那里拍过纪录片）,而库克群岛、诺福克

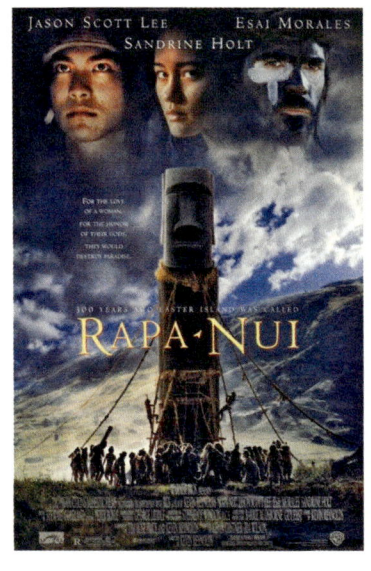

《复活节岛》电影海报

岛、法属波利尼西亚的茉莉雅岛以及加利福尼亚附近的岛屿成了皮特凯恩岛的替代地。

还有一些电影并未涉及真实生活或虚构的岛屿冒险经历,而是讲述了岛屿的故事。在这里介绍其中两部。《复活节岛》(导演凯文·雷诺兹)联合制片人凯文·科斯特将拉帕努伊岛(复活节岛)历史上的两个不同时期混为一谈,即对摩艾石像的崇拜,以及后来对奥龙岗鸟人的崇拜。然而,影片中所描述的岛上失去树木的生态问题确实是有道理的。《复活节岛》是在这个岛上放映的,这可能表明了尽管这部电影是虚构的、炮制的,但当地人对此表示接受,或者说它可能只是为了从游客那里赚取金钱,而不关心其叙述的合理性。在岛上放映的另一部电影是《阿伦岛人》(导演罗伯特·弗莱厄蒂 1934)。弗莱厄蒂是一个常见的阿伦岛姓氏,但导演并不是阿伦

复活节岛上倒下的摩艾石像

爱尔兰伊尼什莫尔岛上关于《阿伦岛人》的广告

岛人,而是美国人,他因《北方的纳努克》而出名,该片讲述了因纽特人在贝尔彻群岛(现在隶属加拿大的努纳武特)的生活。还有关于萨瓦伊(位于萨摩亚)的《摩拉湾》。在阿伦岛,弗莱厄蒂继续着他所谓的"抢救民族志"行动,试图记录和保存正在消失的传统。这部电影具有纪录片的风格,但弗莱厄蒂采取了自由发挥的方式:以"家庭"为中心的影片与现实生活无关,而一些活动(包括捕鲨)在拍摄时已经不再进行了。事实上,这部电影可能更接近19世纪30年代阿伦岛的生活,而不是20世纪30年代,尽管岛民身上那种韧劲和顽强的力量,无疑是20世纪需要的,也是显而易见的。

纪录片

《阿伦岛人》据称是一部纪录片,是电影制作的非虚构作品。事实上,罗伯特·弗莱厄蒂被认为是这类电影的推手,尽管他歪曲事实的方式可能会使《阿伦岛人》被排除在此类别之外,用"虚构纪录片"来描述弗莱厄蒂的电影更为准确。其实什么才算得上是纪录片,这个标准并不是固定不变的,纪录片的领域很宽泛,从虚构纪录片到新闻报道都可以算作纪录片。纪录片的规模也很大,从1890年到1999年,英国百代新闻社总共9万部电影新闻短片中,关于岛屿的不少于1 357部。这些岛屿新闻短片的主题都是大家所熟悉的:起源、与世隔绝、人口减少、监狱、保密、战略要地、旅游、交通、易受自然事件和战争影响以及野生动物等。很明显,岛屿纪录片反映了岛屿世界的全貌。例如,1994年复活节岛的电影作品年表中除上文中讨论过的故事片外,还详细介绍了比利时、加拿大、法国、挪威、英国和美国的电影制作人从1935年到1990年制作的16部纪录片。其中有些人非常有名,尤其是海洋探险家雅克·库斯托和以"康提基"号闻名的托尔·海尔达尔。许多电影讲述了复活节岛的神秘事件,尤其是摩艾石像,他们的标题总是会包括"秘密"和"不解之谜"等字眼。其他吸引力较小的岛屿的报道较少,但正如英国百代新闻社的分

1980年,复活节岛上,渔夫的妻子在岸边搬运金枪鱼

析,许多岛屿会或多或少的以某种方式被报道。这一简要分析表明,岛屿的特点在纪录片以及其他媒介中得到了反映,岛屿吸引了纪录片制作者,正如它们吸引了作家、艺术家、科学家和游客一样。

7. 流行文化：岛屿和旅游

梦想中的岛屿

岛屿在流行文化中扮演重要角色，媒体的浪漫联想对此起到了推动作用，媒体似乎不能不把"岛屿"一词与"天堂"联系起来。2011年7月23日《卫报》的标题是《于特岛，被安德斯·贝林·布雷维克变成地狱的岛屿天堂》，指的是布雷维克前一天在那里屠杀了69名年轻人。于特岛是一个面积为10.6公顷的绿树成荫的小岛。它是天堂吗？还是仅仅是人们心目中"岛屿"和"天堂"之间的联系，给了这家报社副主编一个很容易撰写引人注目标题的机会呢？当然，于特岛后来变成了地狱，这一点是不容置疑的。

也许正是由于这种将岛屿视为天堂的文化认同，令巴哈马不起眼的霍格岛从1959年开始被开发成度假村，就改名为天堂岛。天堂岛拥有赌场、酒店和39万平方千米的"水景"，完全是人工产物，却被一家度假网站称为"世界上最大的海洋栖息地"，这是一种无厘头的夸张说

巴哈马的亚特兰蒂斯天堂岛原特朗普广场

法,无视海洋栖息地的真正含义,与这个人工建造的岛屿"天堂"并不匹配。

其他的流行语还有"梦想之岛"以及"金银岛"。罗伯特·路易斯·史蒂文森的岛屿冒险故事涉及死亡、疾病、背叛、贪婪和残忍,但这并不妨碍人们从标题中解读出积极的信息。这种联想是很重要的,因为现代岛屿经济往往依赖于旅游业,而积极的形象是很受欢迎的,特别是在不切实际的联想之下。因此,最近一项对哥伦比亚圣安德烈斯岛的研究发现,该岛极度拥挤,非法移民问题严重,但官方旅游网站将其称为"微型天堂"。

人们可能会因为童年的记忆而对岛屿持积极态度。长久以来,地中海和加勒比海岛屿一直是欧洲和北美富人的热门度假地。亚洲也有自己的度假岛屿,比如济州岛、苏梅岛和马尔代夫的度假村。从更理智的层面上讲，也许岛屿的独立性传达着神秘和魅力，因为人们必须特地造访才能到达它们。此外，岛屿的有界性意味着一种令人满意的可能性，即认识这个地方，包容这个地方，产生一种成为"我所调查的一切"的主人或君主幻想，就像现代的鲁滨孙·克鲁索，哪怕只是在岛上进行短暂的游览。1782 年，威廉·考伯以塞尔柯克为笔名，写了一首名为《亚历山大·塞尔柯克的孤独》的诗：

"我是我所探查的一切的君主；
我的权利无可争议；
从岛屿中心直到海洋，
我是禽类和畜类的主宰。"

多么美好的愿望啊，还有什么比这更好的呢？只是接下来的四句话却给人以不同的印象：

"啊，孤独！
圣贤们在你脸上看到的魅力在哪里？
与其统治这可怕的地方，
还不如待在危难之中。"

所以，考伯把自己当作塞尔柯克，是认识到岛屿的一些负面属性的，可以想象，塞尔柯克本人一定也是如

赫拉克勒斯·布拉巴松·布拉巴松,《卡普里岛》,未注明日期,粉笔素描

此。然而,跟这首诗的开头相比,很少有人会注意到诗的结尾。通常,就像考伯的维基百科条目一样,人们只会转载这首诗的前四行。毕竟,岛屿就是天堂。

D.H.劳伦斯笔下有一个虚构的岛迷,即"爱岛之人",据说是以作家康普顿·麦肯齐为原型的。劳伦斯笔下的无名英雄意识到岛上的孤独问题,也意识到考伯的孤独,但他还是被成为岛上"君主"的概念吸引:他想拥有一个属于自己的岛屿:不一定要独自一人在岛上,而是把它变成一个属于自己的世界。希恩特群岛的现任主人是这样说的:

7. 流行文化：岛屿和旅游

"岛屿的狭小、封闭、由海岸界定的特性意味着岛屿的一切都可以被深刻地了解。这不是钱的问题，希恩特群岛还不如富勒姆的一套房子值钱。在某种程度上，有点神秘，是关于重视生命的问题，这种重视比我们所能想到的更甚。"

在现代社会，岛屿所有权可以与有价值的个人资产联系在一起——私人岛屿是终极的个人财产。2013年3月，卡塔尔埃米尔买下了希腊爱奥尼亚海埃奇纳德斯群岛中的6个岛屿，其中包括奥克西亚岛，据称他将在岛上建造一座宫殿。其他的岛屿所有者还包括维珍商业帝

渡轮抵达德国弗里西亚群岛的诺德奈

161

国创始人理查德·布兰森爵士,以及隐居的巴克莱兄弟,后者拥有英国《每日电讯报》。布兰森的内克岛位于英属维尔京群岛,他还拥有附近的蚊岛。1995 年,巴克莱兄弟买下了海峡群岛的布雷库岛,并在岛上建造了一座哥特式宫殿。对岛屿的所有权可以通过私人岛屿公司来获得,他们 1975 年以来已经出售了 2 000 多个岛屿。2013 年 7 月,他们的网站上有 252 个待售房产,其中大部分是岛屿。新斯科舍省刺猬湖上一座未开发的、实际上还未命名的岛屿要价是 60 000 加元。如果资金雄厚,可以买报价为 1.1 亿美元的巴哈马群岛拥有私人飞机跑道的洞礁岛。

很少有人能买得起岛屿,更多的是有能力购买或租赁岛屿房产的人。海洋在现代世界中已经不再是一道屏障了,相反,它现在成了人们的戏水池,人们想要在一个舒适的环境中接近大海,这种想法促进了岛屿经济的

巴克莱兄弟的私人岛屿,位于海峡群岛的布雷库岛

7. 流行文化：岛屿和旅游

20世纪90年代，巴布亚新几内亚的阿里岛上，孩子们在海浪中玩耍

小船停泊在阿里岛的海岸边

发展。早在1891年，一位旅行作家就曾说过，一个只能通过海路到达的国家，有着巨大的魅力。在一部讲述城市居民逃离城市生活的电视连续剧播出后，岛屿从向"海边退休族"提供第二套住房和养老地产中获益。例如，诺福克岛现在正在鼓励针对年轻家庭、提前退休的人和寻求改变的人进行移民。这一趋势甚至让一些废弃的岛屿重新焕发生机，比如爱尔兰西北部海岸的戈拉岛，20世纪60年代曾在这里进行过一项关于岛屿人口减少的经典研究。然而，当研究者于2010年到访时，码头上堆满了建筑材料，自来水是新供应的。另外他的行程中伴随着房屋修复的锤击声。原本一片废墟的村子里，现在有一些可居住的房子正在出租。在1966年的人口普查后，戈拉岛被遗弃，当时23人组成了传统的岛屿社区，而在2002年的人口普查中，戈拉岛只有一名居民，2006年有4人，2011年有15人。令人怀疑的是，这些现在的居民是否形成了一个岛屿社区。爱尔兰人口普查结果根据人口普查当晚人们的所在地统计的，而不是他们实际居住的地方，而且还会把当晚留在岛上的人也计算在内。然而，这种"人口再增长"至少意味着，这些岛屿再次回响着被岛屿浪漫吸引的人的声音。正如奥威岛的网站上写道，"尽管有许多困难，但在一座离岸岛屿上度过时光，还是会有一些特别和令人兴奋的事情"。如果那些买入岛屿的人在士绅化的过程中取代或买断了传统的岛屿家庭，那么这种岛屿生活的现代时尚就会出现问题。这

7. 流行文化：岛屿和旅游

爱尔兰戈拉岛被遗弃和修复的房产

德国弗里西亚群岛诺德奈的新旧房产

种情况在德国的岛屿上肯定会发生，比如叙尔特岛和诺德奈。在诺德奈，当地家庭现在在住房市场上很难有竞争力。

岛屿旅游业

旅游业缓解了一些常见的岛屿问题。游客可以促进对当地产品的需求,帮助解决规模经济问题。他们有助于支持对岛屿的运输服务,提高生存能力,使当地人受益。旅游业提供了就业机会。此外,旅游经济不受岛上能力的限制,游客会带着从其他地方赚来的钱,购买商品和服务,这些商品和服务可能是跟随游客一同进岛的。岛屿只是进行这些交易的舞台。有时,旅游业对岛屿的环境和社会是一种风险。岛屿是有边界的,但往往没有实质性的边界,可能要被迫牺牲宝贵的开放空间或其他原有的土地用途来搭建边界,以适应旅游业的发展。岛屿的文化、语言或社会传统也可能会受到游客潮的威胁,其中一些人可能会因为不愿意或无知而不遵守当地的规范,即侵犯性的"游客凝视"。旅游业是一把双刃剑,因为它在提供经济利益的同时,也会造成环境和社会压力,给脆弱的岛屿系统带来可持续性问题。

并非所有岛屿在旅游业方面都有同样的前景。根据位置、与生俱来的吸引力和机会,会有所不同。加拿大北极地区的一个人口稠密的岛屿,如威廉王岛吸引的游客将少于法属波利尼西亚的波拉波拉岛,尽管这两个岛屿都绝对远离大型人口中心。岛屿旅游业在空间和时间上的其他差异已经形成。理查德·巴特勒提出了一个适

7. 流行文化：岛屿和旅游

1987 年，阿留申群岛的尤利亚加岛

合许多岛屿的旅游发展模式。首先，他观察到，当一个地区被游客发现时，会有一个"探索"阶段；然后，随着游客数量的增加，岛屿得到了旅游业的投资，就有了"参与"；随后是"发展"和"巩固"，因为度假岛已经成熟。巴特勒的下一个阶段是"停滞"，因为度假岛失去了一些光彩，度假者转而去了更遥远、更时尚的地方，这种想法被称为"快乐边缘区"，而每年的游客数量也趋于稳定。"停滞"之后是"衰退"，或者，如果有一种新的方法来开发或营销度假区（岛屿）的话，这一阶段则是"复兴"阶段。此外，岛屿旅游在空间上有已建成的岛屿和正在建设的岛屿之分。前者被称为"大陆"，又称

167

"节点"或"十字"岛屿,因为它们往往距离大型人口中心很近。后者被称为"孤立"或"入口"岛屿,它们通常比较偏远。一本以冷水岛旅游及其潜力为重点的书讨论了美国、澳大利亚、加拿大、新西兰、挪威和瑞典的一些岛屿以及靠近南极洲的一些岛屿,这些岛屿属于第二类。

马略卡岛是西班牙地中海巴利阿里群岛四座有人居住的岛屿中最大的一座,是交通便利的"大陆"岛的典范。现代游客大多乘坐飞机或游轮前往度假目的地,因此,从功能上看,岛屿的偏远程度与同一地区的大陆度假地不相上下。从芝加哥飞往特克斯和凯科斯群岛的度假岛屿普罗维登西雅莱斯,相当于飞往墨西哥尤卡坦半岛的度假胜地坎昆。现在,对于从法兰克福或曼彻斯特出发的度假者来说,巴利阿里群岛将与西班牙本土的科斯塔斯岛一样方便。但事实并非总是如此,马略卡岛的旅游业可以通过巴特勒提出的阶段来追溯,从它不为人知和似乎未被发现的时候开始。事实上,该岛的第一位游客(巴特勒年表中的"探险家")是法国作家乔治·桑德。1838年,她带着两个孩子和她的同伴作曲家弗雷德里克·肖邦住在这里。她说:"如果我宣布是我发现了马略卡岛,我可能会出名。但由于我住在马略卡岛时还没有为之着迷,既没有把我的发现记录在花岗岩上,也没有把它写在纸上,因此我放弃了这一先驱性的名声。"直到1855年,桑德对这次旅行的访问记录《马略卡之冬》

7. 流行文化：岛屿和旅游

马略卡岛帕尔马诺瓦城供应美食的招牌

约翰·瓦特·比蒂，1906年摄于瓦努阿图陡峭的悬崖湾

才出版，现在已被翻译成多种语言，供游客使用。桑德很有远见，认为它对游客来说，到处都是美景，对岛民来说，来自海外的人给马略卡人带来了收入。然而，她也意识到马略卡岛在食品和住宿方面的需求。还有一个早期的例子表明，当一个岛屿的传统社会接触到那些有着不同社会习俗的海外人时，旅游业可能会引发紧张关系。桑德和肖邦没有参加仪式，引起了人们的愤怒，而桑德女儿穿宽松的外套和裤子也冒犯了当地人。人们认为，一个九岁的人打扮成男人的样子搜山是可耻的。岛上的居民还担心会被肖邦传染上疾病，因为肖邦在整个访问期间都在生病，不停地咳甚至咳出血。

马略卡岛的旅游业多年来一直处于"探索"阶段。巴特勒"参与"阶段中应该具备的有组织的旅游业，直到第一次世界大战后才真正出现，当时岛上建造了一些酒店，以接待乘坐地中海游轮的游客。然而，这一业务因欧洲战火重燃而受到影响。马略卡和其他地中海度假胜地一样，不得不等待和平的到来，才能开始进行巴特勒"开发"和"巩固"阶段中的大规模旅游。许多相关的因素促成了这一点。随着北欧国家逐渐从20世纪40年代末和50年代的紧缩政策中走出来（比如在德国，出现了"德国经济奇迹"），人们对前往气候更宜人的地方的度假需求越来越大。与此同时，交通运输条件也得到了改善，尤其是商用喷气式飞机的发展。这种飞机可以让游客以相对低的成本快速到达地中海。最后，马略卡岛和西班牙其他沿海地区一样,制定了鼓励投资旅游基础设施的政策,许多外资公司抓住机会建立和管理这些设施。"可悲的是,我们眼睁睁地看着那些混凝土建筑沿着海岸拔地而起",当代评论员罗伯特·特里姆内尔写道。"可悲"这个词听上去似乎有点虚伪,因为这句话出现在特里姆内尔的旅游指南中,该指南的年度版本就是为住在这些酒店的人设计的。从20世纪50年代末开始,马略卡岛的旅游产品主要面向大众市场。1974年,特里尼尔认为游客需要一些建议,比如到哪里去买一杯上好的啤酒、一杯真正的英国茶,到哪里去跳舞、航海、饮酒,以及哪些博物馆值得人们错过阳光。他发表了一些关于海滩的文章。

旅游业对马略卡岛至关重要,占国内生产总值的85%。然而,很明显,旅游业和相关进程,包括全球化和现代化,正在对其环境和文化遗产产生不利影响。即使是那些白天到处躺着醉汉的海滩,也经常需要大量的进口沙子来滋养,以扩大作为黄金沙滩所必要的视野。从20世纪80年代末开始,人们以环保为由提出抗议,反对改变土地用途和侵占未开发地区。"拯救 Es Trenc"是那个时期的一场涂鸦运动,"Es Trenc"是还未受到破坏的海滩。对阿尔布费拉湿地的实际和潜在开发也同样引起了人们的关注。这些运动取得了成功,因为环境保护立法已经颁布,马略卡现在拥有了国家公园、特殊和综合自然保护区,保护了岛上约15%的土地面积。

但是环境问题仍然存在,特别是因为马略卡岛的大部分地区是石灰石结构,这种地质情况给水资源管理带来了问题。夏季降水有限的季节性地中海气候加剧了这些问题,而且岛上没有永久性的河流,农业灌溉用水必须抽取地下水,用来完成这项任务的风泵成为一景,其中一些已经作为遗产项目进行了修复。它们坐落在中部平原的密集农业景观中。农业用水与城市、旅游和休闲用水竞争,所有的用水需求在干旱的夏季达到顶峰。有时居民们也会发起抗议活动,比如针对高尔夫球场的用水需求。

尽管马略卡岛一直吸引着外来者,而且他们促进了该岛的文化,但旅游业对环境的负面影响也引发了人们对文化问题的担忧。调查发现,岛外人虽然带来了物质上的好处,但岛内人与岛外人在社会关系和文化习俗方面的界限仍然存在。马略卡岛旅游业的大众市场元素更不可能参与到有意义的文化交流中去。游客们寻求自己熟悉的东西:来自家乡的食物和在没有当地名字的酒吧里观看英国或德国的足球比赛。在以德国人为主的度假村里,德国烤香肠被大量宣传,而在那些迎合英国人喜好的度假村里,汉堡包被大量宣传。在交易中使用的语言是客人的语言,而不是当地人的语言,在这些度假村工作的马略卡人必须学会足够的英语和德语来应对那些不会说西班牙语(更不用说岛上的加泰罗尼亚方言）的游客。当地人不堪重负，但在需要赚钱的时候，这也许是可以接受的。不过在这个小岛和其他小岛上，当地人更容易受到不同文化规范的游客的影响。笔者回忆，他在马略卡岛一个安静的内陆小镇和学生一起散步时，一个路过的当地人遮住了她孙子的眼睛，为了不让他看到穿着短裤的年轻北欧女性。

与此相关的一个问题是退休人员和二手房业主对文化和社会的影响，他们一年中有相当长的时间居住在马略卡岛。外来的需求会限制当地人获得自己拥有住房的机会。此外，融入社会的移民相对较少，大多数人仍在讲英语或德语，阅读《马略卡报》或《马略卡日报》，或广泛发行的外国报纸，通过现代化的通信手段，人们可以很容易地收看侨民母语的电视频道和其他娱乐节目。早在1999年，当地的文化机构巴利阿里文化组织就报告说，在一项研究中，68%的德国居民既不会说西班牙语，也不会说加泰罗尼亚语；40%的德国居民对学习这些语言或其他有关当地文化的东西没有兴趣，这对巴利阿里文化是"有害的"。超过半数接受调查的德国人感觉自己没有融入这个岛上社会。这或许可以解释笔者曾经发现的一幅涂鸦《马略卡人的马略卡》。

到了20世纪90年代，除对大众旅游、文化和环境担忧外，人们还对旅游业本身感到担忧，因为游客数量已经不再增长。潜在的游客按照"快乐边缘区"的概念，前往马略卡岛以外的更遥远、更时尚的地方，按照巴特勒模式来看，似乎已经到了"停滞"期。一场重启活动试图带领岛屿走向复兴，而不是让它走向衰落。虽然面向大众市场的旅游业仍在继续：烤香肠、汉堡和培根仍然可以买到，但这次重启把新的关注点更多放在了年长的、更挑剔的客户身上。不过，海岸的环境得到了改善，包括划分了绿色区域，还有一些早期的酒店（大概也包括那些让罗伯特·特里姆内尔感到可悲的酒店）被拆除了。人们努力地突出该岛的山脉和森林之美，而不仅仅是海滩之美。高尔夫球、徒步旅行、骑自行车和其他积极的消遣活动都得到了推广，生态旅游在岛上得到了宣传，因为大部分海岸为大众旅游所用。卡尔维亚有马盖鲁夫、帕尔马诺瓦等热门度假地。该地区使用的一张印着一对银发夫妇骑自行车、打高尔夫球和玩法式滚球的传单。一幅以海滩为背景的画上，那对夫妇在做有氧运动，而不是躺着昏睡。在那对夫妇跳舞的照片中，他们身着晚礼服。这确实是与醉汉所代表的市场截然不同。与大众游客相比，高端游客可能会更重视岛民的敏感性和环境保护，同时他们的日常消费也会更高。现在，卡尔维亚旅游的官方网站将乡村、考古、地方美食、户外休闲和乡土建筑作为重点。海滩度假胜地因热闹的活动日程和多种多样的住宿而被提到，但唯一值得特别注意的是拥有"豪华餐厅"的独家码头波特努斯。马盖鲁夫是一个大众度假胜地，马略卡岛最大的夜总会BCM就在这里,该地网站却一本正经地指出,"在马盖鲁夫可能会找到酒店、酒吧和餐馆"。总而言之,对马略卡岛的研究表明,当旅游业成为岛屿经济的重要组成部分时,如果不进行认真和及时的管理,就有可能损害当地的文化、社会和环境。

马略卡岛代表着一系列有着悠久旅游历史的岛屿,加勒比海或太平洋部分地区也有类似的岛屿。有时,对于一些人来说,这些地方似乎只是普通的岛屿,既没有个性也没有吸引力。与此形成鲜明对比的是"入口"岛屿,那里的旅游业仍处于起步阶段。这些岛屿只能吸引到有限的客源,包括那些因特殊原因而被吸引到该地的人(那些"旅行者"而非"游客")。对于这些岛屿来说,巴特勒模式的用处不大,因为它虽然可以解释那些成熟的"大陆"旅游岛屿过去发生了什么,但它可能无法预测"入口"岛屿会发生什么,因为政策制定者会意识到旅游业的潜在破坏性,可能会遏制旅游业的发展,而规模小、有限的基础设施、偏远的位置和昂贵的旅行成本也可能会阻碍它们发展大规模的旅游业。

平衡

鉴于人们普遍对岛屿有着积极的印象,因此岛屿在旅游业方面比较具有优势。这种优势可以加以利用,但并非总能给环境或当地居民带来长期的好处,因为外来

爱尔兰阿伦群岛伊尼什曼岛上的邓昂哈撒城堡

者可能会对当地文化甚至语言造成压力。本章详细介绍了岛屿旅游可能产生的一些紧张关系，即社会和文化的压力与旅游业的经济收益之间的平衡。从爱尔兰西部的伊尼什曼岛可以看出，这种积极和消极的因素长期以来一直与岛屿旅游相伴。在伊尼什曼岛，人们推销自己的文化和风景，这里有岛上特有的小围墙田地和铁器时代的石堡，特别是建在悬崖峭壁上的壮观的邓昂哈撒城堡。来自旅游业的收入帮助许多岛民住进了现代化的平房，尽管游客们更倾向于拍摄少数传统的白色茅草小屋。岛上有文化中心，当地人驾着马车迎接从渡轮和飞机上下来的游客，希望能以传统的方式载着他们游览。在岛上，游客还有机会购买到纪念品，包括传统的阿伦毛衣。20世纪初，有魄力的当地妇女为了给游客提供纪念品，把阿伦毛衣改造成了一种更容易制造的传统服装。笔者在一些采访中，曾听说伊尼什曼岛因"出售传统"而不被尊重，但现在它的岛内服务水平几乎与大陆地区一样高，有超市、银行和警察。2006年，伊尼什曼岛的人口为824人，为其最低水平，但在旅游业的支持下，人口稳定下来，2011年上升到845人。旅游业把伊尼什曼岛变成了一个活的博物馆，这就是这种稳定的代价。这种"博物馆化"的压力可以追溯到很久以前。1857年，奥斯卡的父亲威廉·王尔德爵士带着英国国家学术院的人到伊尼什曼岛进行实地考察。他在邓昂哈撒城堡的一次演讲中说，"现在，请允许我真诚地呼吁你们，岛民们，不要为了像抓几只兔子这样微不足道的好处就把这些'墙'搬到人们便于看到的地方去。从利益角度来看,你们将成为受益者——陌生人到岛上来参观,会给你们带来就业机会和收益;但不要为了自己的利益,破坏那些吸引陌生人来参观的东西……愿你们的子孙后代也能看到陌生人来拜访他们,正如我们今日所行一样"。

确实,正如本章所述,岛屿旅游对岛屿脆弱性、可持续性和岛屿容纳能力的影响十分深远。